Preparación previa al soldeo MIG/MAG y soldadura MAG de chapas y perfiles de acero al carbono

Joaquín González Pérez

ic editorial

Preparación previa al soldeo MIG/MAG y soldadura MAG de chapas y perfiles de acero al carbono

1ª Edición

Editado por: IC Editorial
c/ Cueva de Viera, 2, Local 3
Centro Negocios CADI
29200 Antequera (Málaga)
Teléfono: 952 70 60 04
Fax: 952 84 55 03
Correo electrónico: iceditorial@iceditorial.com
Internet: www.iceditorial.com

ISBN: 979-13-7027-114-5
Depósito Legal: MA 32-2026

Impresión: PODiPrint
Impreso en Andalucía - España

Nota de la editorial: IC Editorial pertenece a Innovación y Cualificación S. L.

Presentación del manual

El **Certificado de Profesionalidad** es el instrumento de acreditación, en el ámbito de la Administración laboral, de las cualificaciones profesionales del Catálogo Nacional de Cualificaciones Profesionales adquiridas a través de procesos formativos o del proceso de reconocimiento de la experiencia laboral y de vías no formales de formación.

El elemento mínimo acreditable es la **Unidad de Competencia.** La suma de las acreditaciones de las unidades de competencia conforma la acreditación de la competencia general.

Una **Unidad de Competencia** se define como una agrupación de tareas productivas específica que realiza el profesional. Las diferentes unidades de competencia de un certificado de profesionalidad conforman la **Competencia General,** definiendo el conjunto de conocimientos y capacidades que permiten el ejercicio de una actividad profesional determinada.

Cada **Unidad de Competencia** lleva asociado un **Módulo Formativo,** donde se describe la formación necesaria para adquirir esa **Unidad de Competencia,** pudiendo dividirse en **Unidades Formativas.**

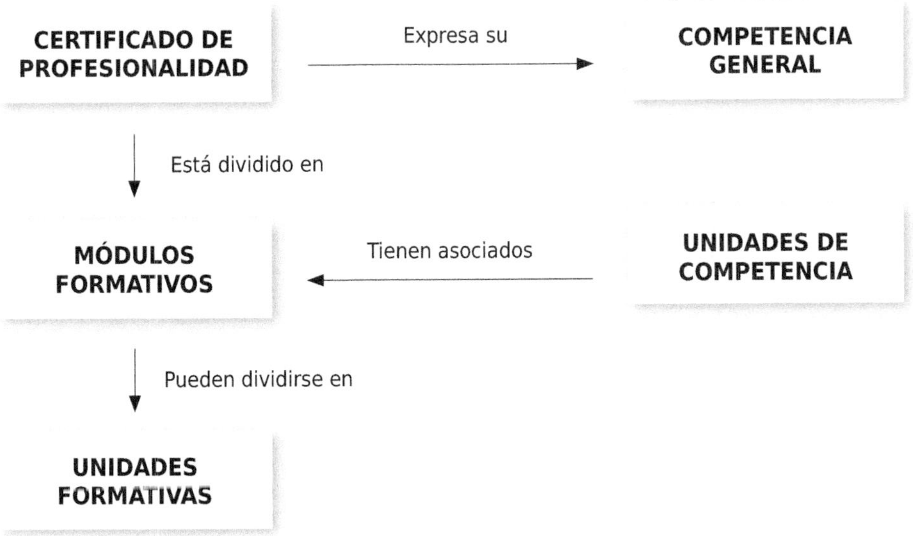

El presente manual desarrolla la Unidad Formativa **UF3000: Preparación previa al soldeo MIG/MAG y soldadura MAG de chapas y perfiles de acero al carbono,**

perteneciente al Módulo Formativo **MF2313_2: Ejecución de las operaciones de soldeo por arco bajo gas protector con electrodo consumible, soldeo «MIG/MAG»,**

asociado a la unidad de competencia **UC2313_2: Ejecutar las operaciones de soldeo por arco bajo gas protector con electrodo consumible, soldeo «MIG/MAG»,**

del Certificado de Profesionalidad **Soldadura por arco bajo gas protector con electrodo consumible, soldeo «MIG/MAG».**

MF2313_2

EJECUCIÓN DE LAS OPERACIONES DE SOLDEO POR ARCO BAJO GAS PROTECTOR CON ELECTRODO CONSUMIBLE, SOLDEO «MIG/MAG»

Tiene asociado el ←

UNIDAD DE COMPETENCIA UC2313_2

Ejecutar las operaciones de soldeo por arco bajo gas protector con electrodo consumible, soldeo «MIG/MAG»

Compuesto de las siguientes **UNIDADES FORMATIVAS**

UF3000
Preparación previa al soldeo MIG/MAG y soldadura MAG de chapas y perfiles de acero al carbono

UNIDAD FORMATIVA DESARROLLADA EN ESTE MANUAL

UF3001
Soldadura MIG/MAG de chapas y estructuras de acero al carbono e inoxidable

UF3002
Soldadura con alambre tubular

UF2999
Prevención de riesgos laborales en trabajos de soldadura

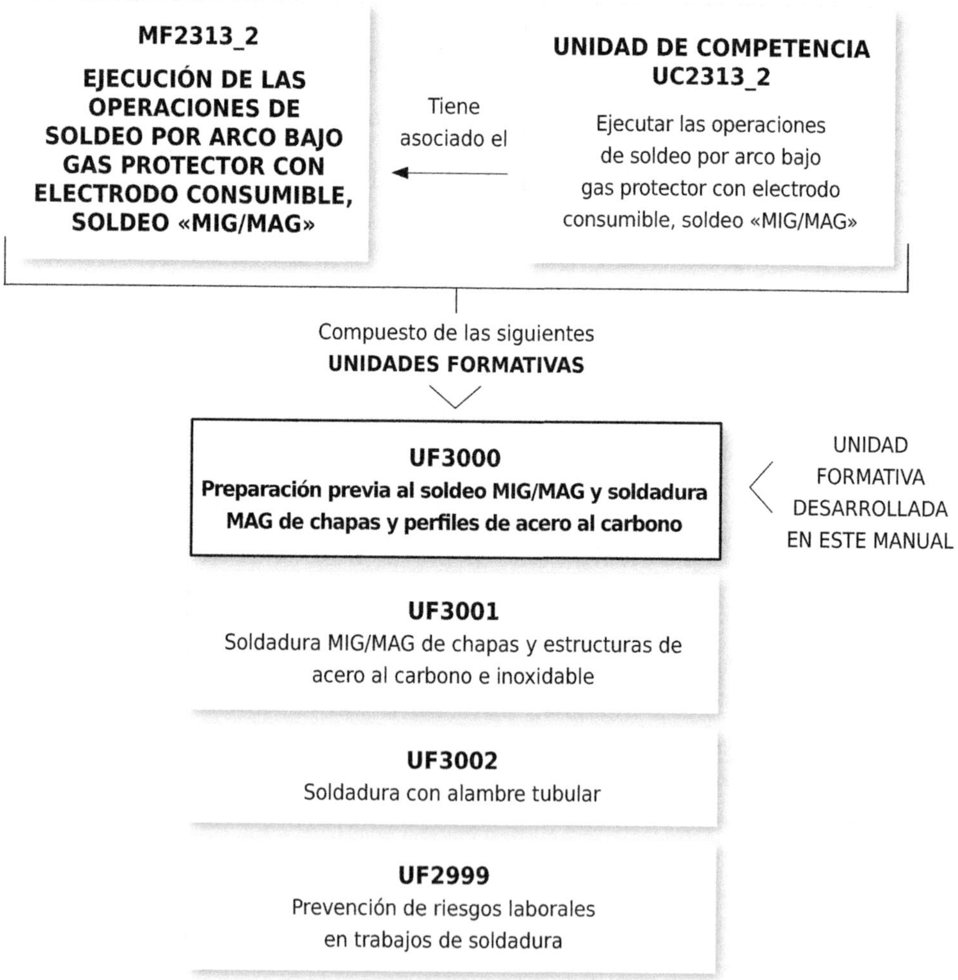

FICHA DE CERTIFICADO DE PROFESIONALIDAD

(FMEC0119_2) SOLDADURA POR ARCO BAJO GAS PROTECTOR CON ELECTRODO CONSUMIBLE, SOLDEO «MIG/MAG»

(R. D. 569/2023, de 4 julio)

COMPETENCIA GENERAL: Realizar las operaciones de soldeo por arco bajo gas protector con electrodo consumible, soldeo «MIG/MAG», de acuerdo con la información aportada por los planos, especificaciones técnicas, especificaciones de los procedimientos de soldeo e instrucciones de trabajo, cumpliendo los estándares de calidad y la normativa aplicable sobre prevención de riesgos laborales y de protección del medioambiente.

Cualificación profesional de referencia	Unidades de competencia		Ocupaciones o puestos de trabajo relacionados
FME684_2 SOLDADURA POR ARCO BAJO GAS PROTECTOR CON ELECTRODO CONSUMIBLE, SOLDEO «MIG/MAG» (R. D. 98/2019, de 1 de marzo)	UC2312_2	Realizar las operaciones previas de preparación al soldeo con electrodo.	· Soldadores y oxicortadores. · Soldadores por MIG/MAG. · Soldadores de estructuras metálicas ligeras.
	UC2313_2	Ejecutar las operaciones de soldeo por arco bajo gas protector con electrodo consumible, soldeo «MIG/MAG»	
	UC2314_2	Realizar las operaciones de comprobación y mejora postsoldeo al soldeo con electrodo.	

Correspondencia con el Catálogo Modular de Formación Profesional		
Módulos certificado	**Unidades formativas**	**Horas**
MF2312_2: Realización de las operaciones previas al soldeo con electrodo	UF2998: Realización de las operaciones previas al soldeo con electrodo	60
	UF2999: Prevención de riesgos laborales en trabajos de soldadura	30
MF2313_2: Ejecución de las operaciones de soldeo por arco bajo gas protector con electrodo consumible, soldeo «MIG/MAG»	UF3000: Preparación previa al soldeo MIG/MAG y soldadura MAG de chapas y perfiles de acero al carbono	90
	UF3001: Soldadura MIG/MAG de chapas y estructuras de acero al carbono e inoxidable	90
	UF3002: Soldadura con alambre tubular	80
	UF2999: Prevención de riesgos laborales en trabajos de soldadura	30
MF2314_2: Realización de las operaciones postsoldeo con electrodo	UF3003 Realización de las operaciones postsoldeo con electrodo	60
	UF2999: Prevención de riesgos laborales en trabajos de soldadura	30
MFPCT0594: Módulo de formación práctica en centros de trabajo de soldadura MIG/MAG		80

Índice

Unidad de aprendizaje 1

Características generales del proceso por arco bajo gas protector con electrodo consumible, soldeo MIG/MAG

Unidad de aprendizaje 2

Fuentes de energía

Unidad de aprendizaje 3

Equipo de soldeo

Unidad de aprendizaje 4

Mantenimiento de los equipos

Unidad de aprendizaje 5

Electrodos consumibles o materiales de aporte

Unidad de aprendizaje 6

Procedimientos operatorios en el soldeo MAG de chapas de acero al carbono

Unidad de aprendizaje 7

Procedimientos operatorios en el soldeo MAG de perfiles normalizados de acero al carbono

Unidad de aprendizaje 8

Defectos en la soldadura MAG de chapas y perfiles de acero al carbono

OBJETIVOS GENERALES

El objetivo general del **MF2313_2: Ejecución de las operaciones de soldeo por arco bajo gas protector con electrodo consumible, soldeo «MIG/MAG»**, es:

- Ejecutar las operaciones de soldeo por arco bajo gas protector con electrodo consumible, soldeo «MIG/MAG».

Los objetivos generales del **UF3000: Preparación previa al soldeo MIG/MAG y soldadura MAG de chapas y perfiles de acero al carbono,** son:

- Obtener la información del procedimiento de soldeo por arco bajo gas protector con electrodo consumible, para seleccionar los materiales, equipos o herramientas, entre otros, interpretando las especificaciones e instrucciones técnicas.
- Disponer los equipos y consumibles para la operación de soldeo por arco bajo gas protector con electrodo consumible, cumpliendo la normativa aplicable sobre prevención de riesgos laborales y protección del medioambiente.
- Realizar la soldadura por arco bajo gas protector con electrodo consumible para unir los elementos, de acuerdo con las especificaciones técnicas, especificaciones de los procedimientos de soldeo o instrucciones de trabajo, cumpliendo la normativa aplicable sobre prevención de riesgos laborales y protección del medioambiente.

Unidad de aprendizaje 1

Características generales del proceso por arco bajo gas protector con electrodo consumible, soldeo MIG/MAG

Contenido

1. Introducción
2. Nomenclatura y números de referencia de los procedimientos según clasificación AWS (American Welding Society) y normalización europea (EN)
3. Especificaciones técnicas de soldeo (pWPS y WPS): información relativa a la ejecución de la soldadura, tipo de unión, tipo de soldadura, alimentación eléctrica, material de aporte, parámetros y temperaturas entre pasadas, entre otros
4. Planos de detalle de dimensiones y secuencias de soldadura (garganta, secuencias y capas, entre otros)
5. Soldeo bajo gas protector con electrodo consumible: ventajas, inconvenientes, limitaciones y aplicaciones fundamentales
6. Resumen

Objetivos

Los objetivos específicos de esta Unidad de Aprendizaje son:

→ Reconocer las características fundamentales del proceso de soldeo por arco bajo gas protector con electrodo consumible (MIG/MAG), identificando sus variantes, sus fundamentos técnicos, sus aplicaciones industriales y las diferencias con otros procesos de soldeo por arco.

→ Clasificar los procedimientos de soldeo MIG y MAG según la norma EN ISO 4063 y su correspondencia con la clasificación AWS.

→ Interpretar correctamente la documentación técnica del procedimiento de soldeo, diferenciando entre especificaciones preliminares (pWPS) y especificaciones definitivas (WPS), reconociendo los elementos clave que las componen.

→ Valorar las ventajas, las limitaciones y las aplicaciones más comunes del proceso MIG/MAG en el entorno industrial actual, argumentando con criterio técnico su idoneidad o no para distintos materiales y condiciones de trabajo.

1. Introducción

El soldeo por arco bajo gas protector con electrodo consumible, conocido como proceso MIG/MAG, se ha consolidado como uno de los métodos más extendidos y versátiles en la industria de la fabricación metálica. Su capacidad para adaptarse a distintos tipos de materiales, su elevada productividad y la posibilidad de mecanización lo convierten en un recurso fundamental en sectores como la automoción, la calderería ligera y pesada, la industria naval o la fabricación de estructuras metálicas.

Este proceso se basa en la generación de un arco eléctrico entre un electrodo metálico —que se funde y actúa como material de aporte— y la pieza que soldar, todo ello protegido por un gas que evita la contaminación del baño de fusión. La diferencia entre MIG *(Metal Inert Gas)* y MAG *(Metal Active Gas)* radica principalmente en el tipo de gas empleado: los procesos MIG utilizan gases inertes como el argón o el helio, mientras que los procesos MAG emplean gases activos como el dióxido de carbono o mezclas con argón.

En esta unidad se estudiarán en profundidad las características generales del proceso MIG/MAG, su clasificación normativa, la documentación técnica asociada, los planos de detalle y sus principales ventajas e inconvenientes. Este conocimiento permitirá al alumnado interpretar y aplicar con seguridad los procedimientos en contextos reales de trabajo.

Samuel acaba de incorporarse como técnico de producción en una empresa dedicada a la fabricación de estructuras metálicas para el sector ferroviario. Durante sus primeros días, el responsable del taller le encomienda una tarea clave: debe familiarizarse con los procedimientos normalizados de soldeo utilizados en la planta, que emplea el proceso MIG/MAG para la unión de chapas de acero al carbono e inoxidable. A través de esta unidad, acompañaremos a Samuel en el descubrimiento de los fundamentos del proceso, su documentación técnica y su aplicación práctica, tal como se exige en el entorno industrial actual.

2. Nomenclatura y números de referencia de los procedimientos según clasificación AWS (American Welding Society) y normalización europea (EN)

HILO CONDUCTOR

En su segundo día de trabajo, Samuel recibe una carpeta con los procedimientos de soldeo utilizados en la planta. Al abrir los documentos, observa códigos como 135, 136 y GMAW-S. Un poco confundido, pregunta al responsable del Área de Calidad, quien le explica que se trata de nomenclaturas normalizadas que permiten identificar claramente el tipo de proceso, el tipo de hilo y el gas protector utilizado. Samuel comprende entonces que, para interpretar correctamente cualquier documentación técnica de soldeo, debe familiarizarse con las clasificaciones establecidas por la normativa europea y la americana.

En el entorno profesional, la utilización de **códigos normalizados** para identificar los procedimientos de soldeo garantiza la uniformidad, la trazabilidad y la seguridad en los procesos productivos. Entre las normas más utilizadas a nivel internacional destacan:

- **Clasificación europea EN ISO 4063:** utiliza códigos numéricos para representar de forma sistemática los distintos procesos de soldeo.
- **Clasificación de la American Welding Society (AWS):** ampliamente reconocida en el sector industrial y técnico a nivel global, especialmente en países de influencia anglosajona.

2.1. Clasificación según norma EN ISO 4063

La **EN ISO 4063** establece un sistema de codificación numérica de tres cifras para identificar los procedimientos de soldeo, atendiendo a criterios como el tipo de arco, la naturaleza del electrodo y la protección gaseosa. En el caso del soldeo MIG/MAG, los códigos relevantes son los siguientes:

Código ISO	Descripción del proceso	Clasificación técnica
131	Soldeo por arco bajo gas inerte con electrodo consumible	MIG (hilo macizo)
135	Soldeo por arco bajo gas activo con electrodo consumible	MAG (hilo macizo)
136	Soldeo por arco bajo gas activo con electrodo tubular con fundente	MAG (hilo tubular con gas)
137	Soldeo por arco bajo gas inerte con electrodo tubular con fundente	MIG (hilo tubular con gas)

IMPORTANTE

Esta clasificación también permite diferenciar variantes del mismo proceso según el tipo de hilo (macizo o tubular) y el gas protector (inactivo o activo), lo que facilita la elección adecuada del procedimiento en función del material base y de las condiciones de trabajo.

2.2. Clasificación según la American Welding Society (AWS)

La AWS no emplea códigos numéricos como la norma europea, sino que utiliza **siglas descriptivas** para denominar los distintos procesos de soldeo. En el caso del soldeo MIG/MAG, las principales referencias son:

Sigla AWS	Nombre del proceso	Equivalencia aproximada EN ISO
GMAW	*Gas Metal Arc Welding*	131, 135 (MIG/MAG con hilo macizo)
FCAW-G	*Flux Cored Arc Welding — Gas shielded*	136, 137 (MAG/MIG con hilo tubular)

En esta clasificación:

GMAW *(Gas Metal Arc Welding)*
- Engloba tanto el proceso MIG como el MAG, diferenciándolos según el tipo de gas empleado (informe detallado en la WPS).

FCAW-G *(Flux-Cored Arc Welding - Gas-shielded)*
- Se refiere al uso de hilo tubular con protección gaseosa externa, y se corresponde con los procesos 136 y 137 según EN ISO.

NOTA

Aunque ambos sistemas de clasificación tienen enfoques distintos (numérico en Europa y siglas en AWS), conocer ambos resulta imprescindible en entornos industriales internacionalizados o con normativa mixta.

3. Especificaciones técnicas de soldeo (pWPS y WPS): información relativa a la ejecución de la soldadura, tipo de unión, tipo de soldadura, alimentación eléctrica, material de aporte, parámetros y temperaturas entre pasadas, entre otros

HILO CONDUCTOR

Mientras continúa revisando la documentación técnica, Samuel observa que muchos de los archivos están identificados como pWPS y WPS. Aunque reconoce algunas abreviaturas, no tiene claro en qué se diferencian ni cómo se utilizan en el taller. Su encargado le explica que se trata de documentos esenciales para garantizar que todas las uniones soldadas cumplan con los requisitos técnicos exigidos, y que conocer su contenido es imprescindible para coordinar correctamente el trabajo en producción y asegurar la trazabilidad del proceso.

Las **especificaciones de procedimiento de soldeo** constituyen un conjunto de documentos técnicos estandarizados que recogen las condiciones bajo las cuales debe ejecutarse una unión soldada. Su función principal es garantizar que el procedimiento sea **reproducible, seguro y conforme a la normativa vigente,** minimizando el riesgo de defectos y asegurando la calidad del producto final.

Estas especificaciones se clasifican, generalmente, en dos grandes categorías: pWPS y WPS.

3.1. Especificación preliminar de procedimiento de soldeo (pWPS)

La **pWPS** ***(Preliminary Welding Procedure Specification)*** es un documento técnico preliminar que se elabora **antes de la cualificación oficial del procedimiento.** Contiene todos los datos necesarios para realizar una soldadura de prueba, que servirá como base para verificar si los parámetros propuestos son adecuados.

Este documento incluye:

- Tipo de unión (a tope, en ángulo, solape, etc.).
- Ubicación del cordón de soldadura (cordón de raíz, relleno, pasadas intermedias, acabado).
- Posición de soldeo (PA, PB, PC, etc.).
- Tipo de corriente y polaridad (CC+, CC-).
- Parámetros operativos preliminares (intensidad, tensión, velocidad de avance, caudal de gas).
- Material base y espesor.
- Material de aporte (tipo de hilo y diámetro).
- Tipo de gas y caudal (volumen de gas protector que se suministra por minuto).
- Temperatura entre pasadas y temperatura pre/poscalentamiento.

La pWPS es **el punto de partida** para desarrollar la documentación definitiva, y no puede utilizarse en producción hasta que no haya sido validada mediante ensayos y recogida en una WPS.

ACTIVIDAD COMPLEMENTARIA

1. Busca información en internet sobre las posiciones de soldeo según la norma ISO 6947. Anota al menos cuatro designaciones distintas (por ejemplo, PA, PB, PC, etc.) e indica brevemente en qué tipo de unión se aplican (a tope o en ángulo) y si se realizan en posición plana, horizontal, vertical o sobre cabeza.

3.2. Especificación de procedimiento de soldeo (WPS)

Una vez realizada la soldadura de prueba y superados los ensayos destructivos o no destructivos que exige la norma correspondiente, se genera la **WPS** *(**Welding Procedure Specification**)*.

Este documento tiene **carácter oficial y vinculante** dentro del sistema de calidad de la empresa, y debe estar disponible en el taller para su consulta por parte de los soldadores, los inspectores y los supervisores.

Incluye todos los elementos de la pWPS, pero **validados y ajustados tras los ensayos,** lo que garantiza que el procedimiento:

- Es técnicamente viable.
- Cumple los requisitos mecánicos, químicos y dimensionales exigidos.
- Puede repetirse con seguridad en condiciones similares.

IMPORTANTE

En entornos certificados, cada WPS está asociada a un PQR *(Procedure Qualification Record)*, donde se recogen los resultados de los ensayos realizados para su validación.

3.3. Importancia operativa

Conocer e interpretar una WPS es una competencia clave para cualquier profesional del soldeo. Permite:

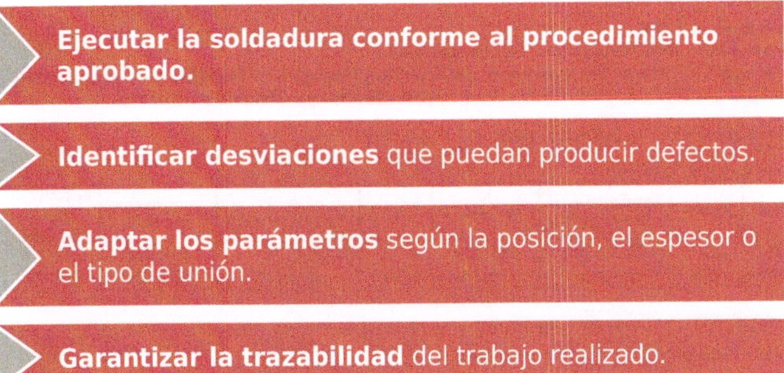

NOTA

En el caso del proceso MIG/MAG, la WPS debe reflejar con precisión todos los parámetros asociados al uso de hilo continuo, al gas protector, el tipo de transferencia metálica (cortocircuito, globular, espray, pulsado), la posición de soldeo y la secuencia de ejecución.

Lugar:

Procedimiento de Soldeo del Fabricante:

Nº de referencia:

Nº de referencia del WPAR: **401188/WPSPAR/11.088**

Fabricante:

Posición de soldeo: **Todas**

Proceso de soldeo: **135 (Semiautomática con hilo sólido)**

Persona u organismo examinador:

Método de preparación y limpieza: **Esmerilado**

Especificación del metal base: **Grupos 1.1y1.2 con $R_{el} \leq 355$ N/mm²**

Espesor del metal: **10 – 40 mm**

Diámetro exterior del tubo: **N/A**

Tipo de unión : **Unión a Tope, unión a penetración completa con respaldo metálico, cerámico o metal base, soldadura por uno o dos lados, soldadura a cuello, unión a penetración parcial (*)**

Detalles de la preparación de la soldadura (croquis) *: ADJUNTOS

Parámetro de Soldeo POSICIÓN PA

Pasada	Proceso	Tamaño del metal de aportación	Intensidad (A)	Voltaje (V)	Tipo de corriente/Polaridad	Veloc. de alim. del alambre	Velocidad de avance (mm/min)	Aporte Térmico (Kj/mm)
1ª	135	1,2 mm	155-210	17-21	CC (+)	390-420	190-220	0.612-1.02
Siguientes	135	1,2 mm	230-310	26-32	CC (+)	381-420	350-420	0.829-1.381

Parámetro de Soldeo POSICIÓN PF

Pasada	Proceso	Tamaño del metal de aportación	Intensidad (A)	Voltaje (V)	Tipo de corriente/Polaridad	Veloc. de alim. del alambre	Velocidad de avance (mm/min)	Aporte Térmico (Kj/mm)
1ª	135	1,2 mm	125-156	14-18	CC (+)	125-175	90-120	0.818-1.363
Siguientes	135	1,2 mm	153-188	16-22	CC (+)	140-200	100-140	0.969-1.615

OTRA INFORMACIÓN	
Clasificación del metal de aportación y marca comercial	**ISO14341-A:G424M21 G3Si G383 C1 G3Si1 LINCOLN**
Gas de protección	**85% Ar – 15% CO2**
Respaldo	**N/A**
Caudal de gas protección	**14 - 18 l/min**
Caudal de gas de respaldo	**N/A**
Electrodo de volframio, tipo/diámetro	**N/A**
Detalles del resanado/respaldo	**Esmerilado y/o arqueado**
Temperatura de precalentamiento	**≥20º C**
Temperatura entre pasadas	**20 – 160 ºC**
Tratamiento térmico post-soldadura y/o maduración	**NO**
Tiempo, temperatura, método	**N/A**
Velocidades de calentamiento y enfriamiento	**N/A**
Oscilación/ancho máximo del cordón	**12mm**
Oscilación amplitud-frecuencia-tiempo parada	**N/A**
Modo de transferencia eléctrica	**1ª Pasada Corto-circuito / Siguientes Spray**
Parámetro de soldeo pulsado	**N/A**
Distancia tobera pieza	**15 mm**
Parámetros para soldeo por plasma	**N/A**
Angulo de la pistola	**N/A**

Fabricante:

Lugar:

Persona u organismo Examinador:.

Fecha de emisión:

Modelo de WPS para el proceso MIG/MAG. En él aparecen todos los datos que se deben rellenar.

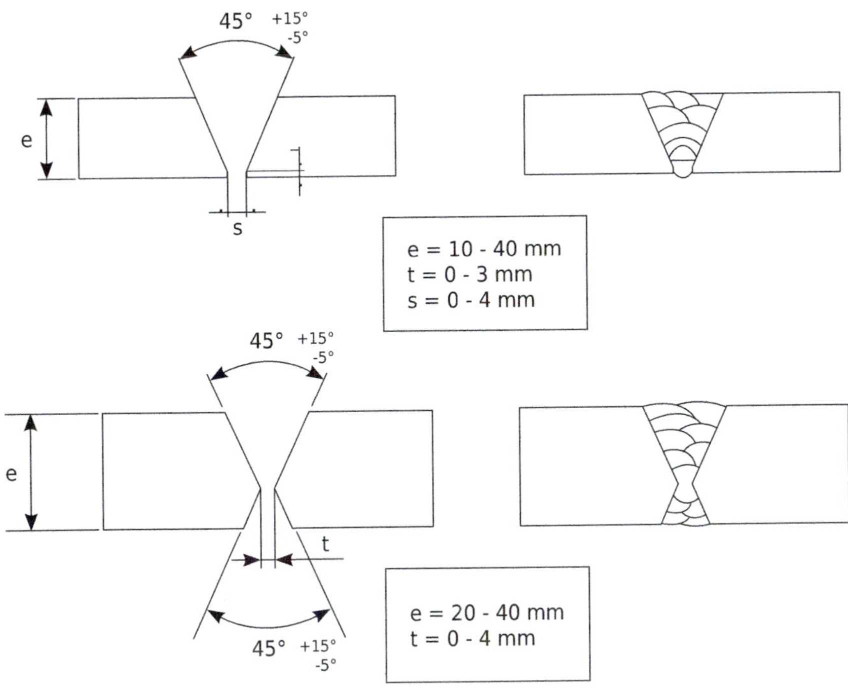

Detalles de la preparación de la soldadura (croquis)

TAREA 1

Samuel recibe el siguiente fragmento de una especificación de procedimiento de soldeo simplificada (WPS) con una serie de cuestiones:

- Proceso: 135
- Tipo de hilo: Macizo
- Gas protector: Mezcla Ar + CO_2
- Unión: A tope
- Posición: PA
- Intensidad: 180 A
- Tensión: 22 V
- Caudal de gas: 15 L/min
- Material base: Acero al carbono
- Diámetro del hilo: 1,0 mm

Continúa en página siguiente >>

<< *Viene de página anterior*

1. Indica si se trata de un proceso MIG o MAG.
2. Codifica este procedimiento según la norma EN ISO 4063 y según el sistema AWS.
3. Explica qué representa el valor del caudal de gas.
4. ¿Qué tipo de material de aporte se está utilizando?

4. Planos de detalle de dimensiones y secuencias de soldadura (garganta, secuencias y capas, entre otros)

HILO CONDUCTOR

Una vez que Samuel comprende la importancia de los procedimientos de soldeo, su responsable le entrega varios planos de fabricación. A simple vista, le resultan familiares: líneas, cotas, símbolos... Sin embargo, pronto se da cuenta de que en estos planos aparecen elementos nuevos que no había estudiado con detalle, como la representación de gargantas, cordones de raíz, pasadas múltiples o secuencias de soldeo. Su responsable le explica que estos planos son fundamentales para preparar correctamente cada operación de soldeo, ya que definen con exactitud cómo debe ejecutarse la unión en función de su diseño técnico y la resistencia requerida.

Los planos de soldeo son documentos técnicos indispensables en la industria metalúrgica. En ellos se detallan todos los aspectos geométricos, simbólicos y secuenciales que deben considerarse durante la ejecución de una unión soldada. A diferencia de los planos mecánicos convencionales, estos documentos incorporan normas gráficas específicas, generalmente definidas por la norma ISO 2553, para la representación de soldaduras.

NOTA

La normativa americana (AWS) también establece normas de representación de las soldaduras. El conocimiento de ambas normas es fundamental, ya que la interpretación correcta de los planos es el punto de partida para una buena ejecución de los trabajos.

4.1. Elementos geométricos fundamentales

Los planos deben especificar claramente las dimensiones clave de cada unión, como:

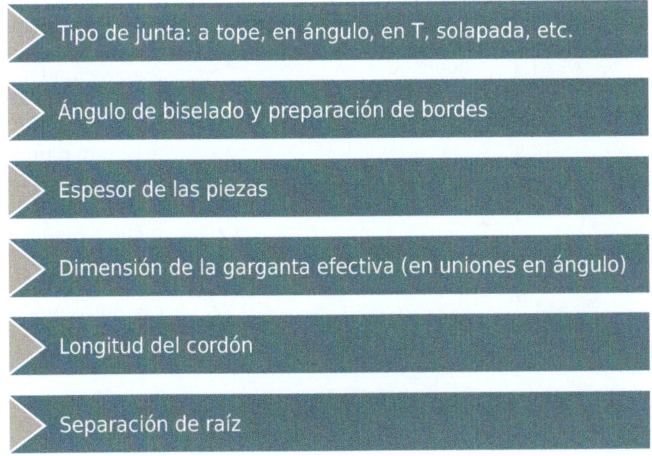

Estos datos garantizan que la unión tenga las dimensiones adecuadas para soportar los esfuerzos mecánicos previstos en servicio.

Preparaciones normalizadas

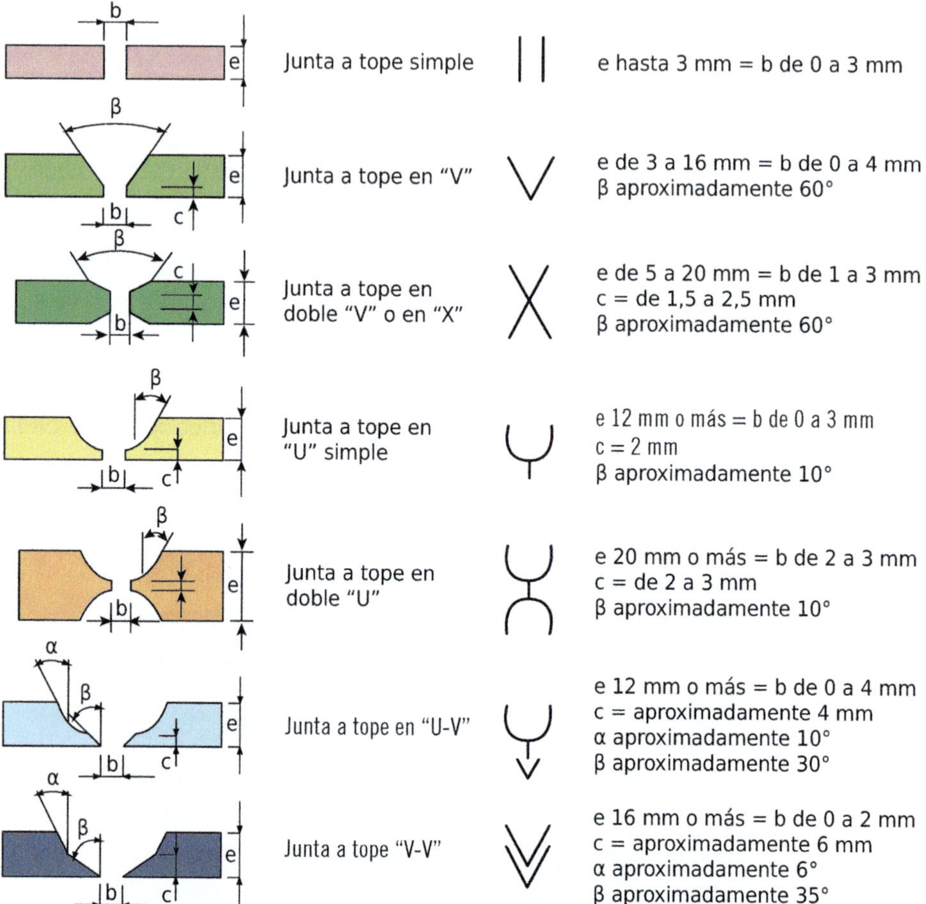

Ejemplo de representación de elementos geométricos en planos de soldeo a tope

Preparaciones normalizadas

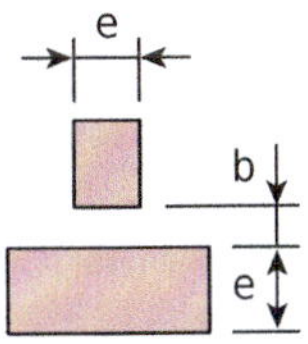

Junta en "T" con borde plano	e de 3 a 4 mm = b de 0 a 1 mm
Junta en "T" con borde en "V"	e de 5 a 12 mm = b de 1,5 a 2 mm c = de 2 a 3 mm β aproximadamente 30°
Junta en "T" con borde en doble "V"	e de 12 a 25 mm = b de 1,5 a 2,5 mm c = de 3 a 6 mm β aproximadamente 45°
Junta en "T" con borde en "J"	e de 12 a 25 mm = b de 1 a 2 mm c = de 1 a 2 mm β aproximadamente 35°

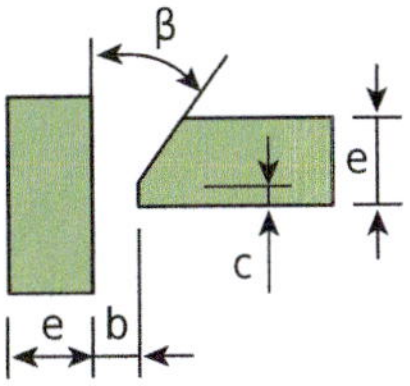

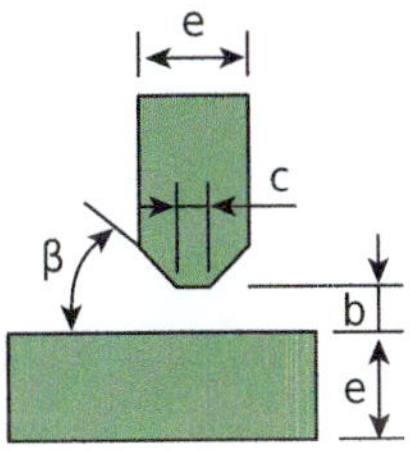

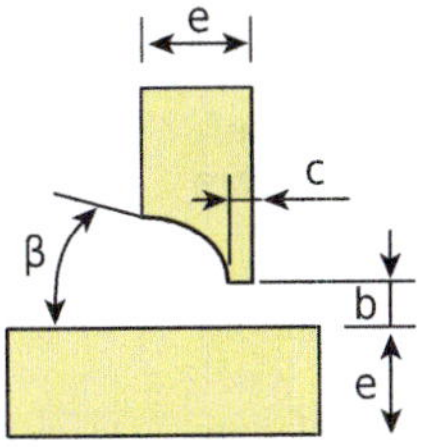

Ejemplo de representación de elementos geométricos en planos de soldeo en T

4.2. Simbología normalizada

Para representar gráficamente los cordones de soldadura, se utilizan símbolos normalizados que indican:

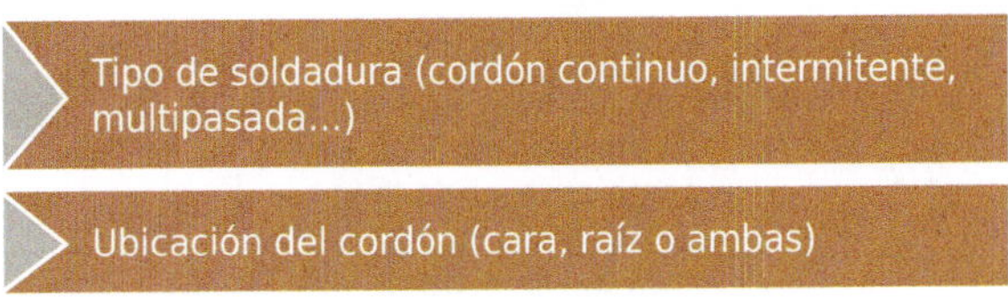

Continúa en página siguiente >>

<< Viene de página anterior

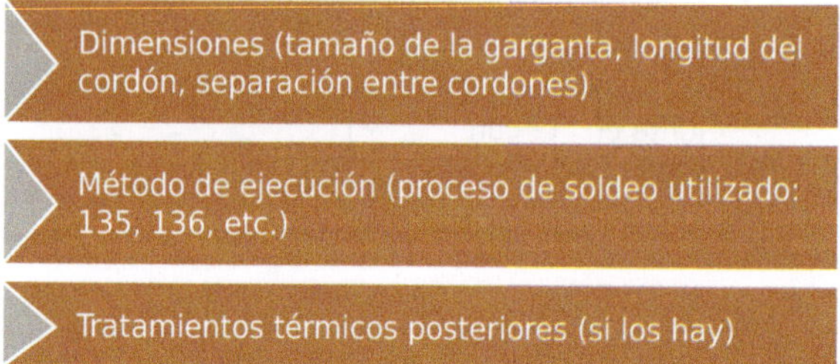

IMPORTANTE

La norma UNE-EN ISO 2553 y la norma AWS establecen las reglas para la representación simbólica, y deben conocerse e interpretarse correctamente para evitar errores en la ejecución.

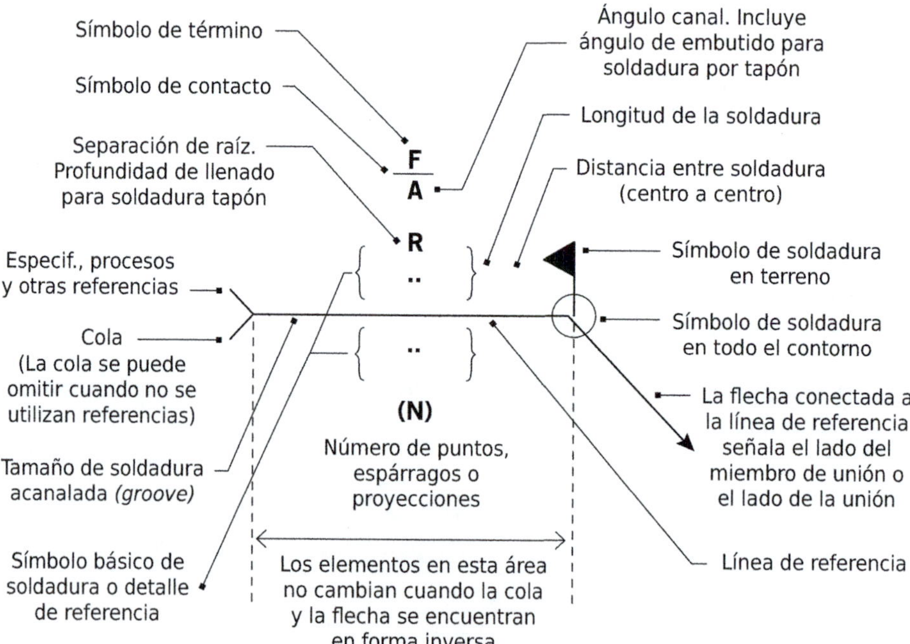

Partes de un símbolo de soldadura según la normativa AWS

4.3. Secuencias de ejecución y número de pasadas

En uniones de mayor espesor o en posiciones complejas, la ejecución requiere dividir el cordón en capas sucesivas. En estos casos, los planos pueden incluir:

- Esquemas de secuencia de soldeo, que indican el orden en que deben realizarse las pasadas para controlar deformaciones o tensiones residuales.
- Distribución de capas y pasadas, diferenciando entre cordón de raíz, de relleno y de acabado.
- Indicaciones específicas para el control de temperatura entre pasadas.

SABÍAS QUE...

En aplicaciones críticas, como recipientes a presión o estructuras sometidas a fatiga, el respeto de la secuencia indicada en plano es obligatorio para garantizar la calidad estructural de la unión.

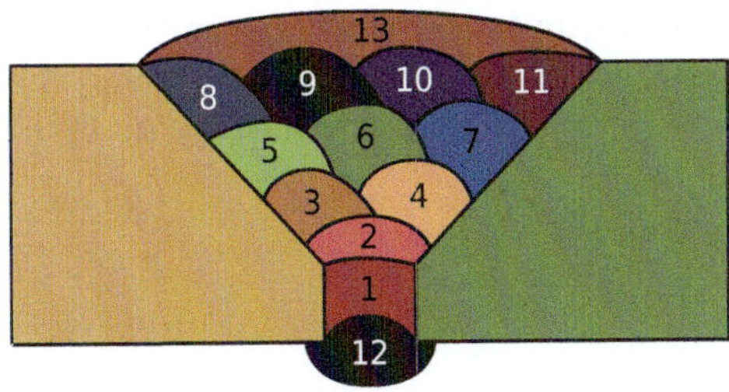

Ejemplo de croquis de secuencia de soldeo

4.4. Interpretación operativa

Para el operario, saber leer e interpretar correctamente estos planos permite:

- Preparar adecuadamente la junta antes del soldeo.
- Ajustar los parámetros según el espesor y la posición.

- Realizar el cordón conforme al diseño técnico.
- Evitar errores que puedan comprometer la seguridad de la unión.

NOTA

Durante el soldeo, la pistola establece dos ángulos fundamentales:

- Ángulo de trabajo: formado entre la línea perpendicular a la superficie del tubo y el eje del electrodo.
- Ángulo de desplazamiento: es la inclinación de la pistola respecto a la dirección de avance. Este ángulo permite mantener el arco dentro del campo de protección gaseosa y controla la forma del cordón.

APLICACIÓN PRÁCTICA

El encargado de taller le ha indicado a Samuel que se prevé realizar muchos metros de soldadura con el procedimiento 135. Le pide a Samuel que comunique al Departamento de Compras el nombre del procedimiento según la normativa americana, ya que el vendedor de hilo de soldadura necesita saberlo, y el gas que debería comprar para poder tener el suministro asegurado para el trabajo.

¿Podrías ayudarle?

Solución

El procedimiento 135, según la norma EN ISO 4063, corresponde al proceso de soldadura MAG con hilo macizo. En la normativa americana de soldadura (AWS), este proceso se conoce como GMAW *(Gas Metal Arc Welding)*, por lo que ese es el nombre que debe comunicar al Departamento de Compras para que el proveedor pueda identificar correctamente el tipo de hilo necesario.

Respecto al gas de protección, al tratarse de un proceso MAG, se emplean gases activos o mezclas activas. Una de las mezclas más utilizadas en este proceso es argón con dióxido de carbono (Ar + CO_2), ya que proporciona buena estabilidad del arco y protege adecuadamente el baño de fusión.

5. Soldeo bajo gas protector con electrodo consumible: ventajas, inconvenientes, limitaciones y aplicaciones fundamentales

HILO CONDUCTOR

Durante su primera semana en la empresa, Samuel es invitado a una reunión técnica en la que se debatirá la posibilidad de cambiar de procedimiento de soldeo para una nueva línea de producto. El responsable de soldadura le pide que prepare un pequeño informe comparativo sobre las ventajas y los inconvenientes del proceso MIG/MAG frente a otros procesos como el TIG o el SMAW. Para ello, Samuel deberá identificar con claridad los puntos fuertes del proceso actual, así como sus limitaciones, y justificar su uso en función de la productividad, los materiales, las posiciones de soldeo y la calidad final requerida.

El proceso de soldeo por arco bajo gas protector con electrodo consumible, ya sea en su modalidad MIG o MAG, presenta una serie de ventajas operativas y técnicas que lo han convertido en uno de los métodos más utilizados en el sector metalúrgico y de fabricación industrial. No obstante, como cualquier procedimiento, también tiene ciertas limitaciones que deben conocerse para seleccionar correctamente su aplicación en función del tipo de trabajo.

5.1. Ventajas del proceso MIG/MAG

Este proceso de soldeo presenta las ventajas que se indican a continuación:

Alta productividad
- Gracias al uso de hilo continuo, se reducen los tiempos de paro y se incrementa la velocidad de soldeo.

Fácil automatización
- Es compatible con sistemas robotizados y semiautomáticos, lo que lo hace ideal para entornos de producción en serie.

Continúa en página siguiente >>

<< Viene de página anterior

Buena calidad del cordón
- Permite obtener uniones limpias y regulares, con escasa o nula formación de escoria.

Versatilidad de aplicación
- Adecuado para una gran variedad de materiales y espesores, desde chapas delgadas hasta estructuras más pesadas.

Buena visibilidad del baño de fusión
- Mejora el control visual del proceso, especialmente útil en posiciones planas y horizontales.

ACTIVIDAD COMPLEMENTARIA

2. Investiga en fuentes técnicas o manuales de fabricantes cuáles son los valores habituales de caudal de gas de protección (en L/min) en función de:

   - Diámetro del hilo utilizado.
   - Posición de soldeo.
   - Tipo de junta (a tope, en ángulo).

   Redacta una tabla sencilla con los valores aproximados y comenta brevemente por qué es importante ajustar el caudal según las condiciones.

5.2. Inconvenientes del proceso MIG/MAG

Los incovenientes principales del proceso MIG/MAG son:

Sensibilidad a corrientes de aire
- El gas protector puede desplazarse si no se trabaja en condiciones controladas o sin pantallas, lo que afecta a la calidad del cordón.

Continúa en página siguiente >>

<< Viene de página anterior

Requiere mayor equipamiento
- Necesita suministro de gas, unidad de alimentación del hilo y control de parámetros, lo que implica mayor coste inicial.

No adecuado para trabajos en exteriores sin protección adicional
- El viento puede comprometer la eficacia del gas de protección.

Formación técnica necesaria
- El operario debe conocer bien los parámetros, el comportamiento del arco y el ajuste del equipo.

5.3. Limitaciones del proceso

El proceso MIG/MAG presenta una serie de limitaciones que desaconsejan su uso o lo hacen imposible. Entre estas limitaciones destacamos:

- **El soldeo de materiales con elevada conductividad térmica** (como el cobre) o con revestimientos superficiales especiales puede presentar dificultades de penetración o defectos.
- **El soldeo en posiciones verticales y sobrecabeza** requiere ajustes específicos de parámetros y técnica operativa.
- **La transferencia metálica por cortocircuito** en espesores mayores puede no garantizar suficiente penetración si no se ajusta correctamente.
- **No es recomendable** para trabajos con **acceso restringido** o alta movilidad, donde otros procesos como el TIG o el electrodo revestido pueden ser más manejables.

5.4. Aplicaciones fundamentales

El proceso MIG/MAG se aplica de forma habitual en:

- Fabricación de estructuras metálicas:
  - Naves industriales.
  - Puentes.
  - Soportes.

- Industria del automóvil y componentes metálicos ligeros.
- Calderería media y pesada.
- Sector naval y ferroviario.
- Reparaciones industriales y mantenimiento de maquinaria.
- Aplicaciones en acero inoxidable o aluminio (especialmente en procesos MIG).

Su combinación de **velocidad, calidad y facilidad de integración en líneas automatizadas** lo convierte en una elección estratégica en entornos industriales donde se valora tanto la eficiencia como la repetitividad del proceso.

Puente de la Constitución de 1812 (Cádiz). Es una estructura de hormigón y acero. Se utilizaron procesos de soldadura MAG en la soldadura de algunas partes metálicas.

ACTIVIDAD COMPLEMENTARIA

3. Busca un ejemplo de estructura metálica soldada mediante el proceso MIG o MAG, como un puente peatonal, una pasarela, una barandilla urbana o una estructura de cubierta visible en una localidad cercana. Una vez localizada, completa la siguiente información:

    - Nombre de la estructura (si tiene) o descripción.
    - Localidad donde se encuentra.
    - Función que cumple (paso peatonal, paso de vehículos, cubierta, etc.).
    - Año aproximado de construcción (si se conoce o puede estimarse).
    - Justificación del empleo de soldadura MIG/MAG.

6. Resumen

Conocer las características generales del proceso de soldeo por arco bajo gas protector con electrodo consumible es esencial para comprender su funcionamiento, sus aplicaciones y los requisitos técnicos. La clasificación normativa mediante códigos EN ISO y siglas AWS permite identificar con precisión las variantes del proceso MIG/MAG, ya sea con hilo macizo o tubular, y con gas inerte o activo, en función del tipo de material y la configuración de la unión.

La documentación técnica del procedimiento, a través de las especificaciones preliminares (pWPS) y definitivas (WPS), garantiza que la ejecución del soldeo cumpla con los estándares de calidad, seguridad y repetibilidad exigidos en el entorno industrial. Estos documentos definen los parámetros clave del proceso y deben ser interpretados correctamente por el personal técnico.

Asimismo, la lectura de planos de soldeo y la interpretación de la simbología asociada permiten planificar y ejecutar con precisión cada unión soldada, teniendo en cuenta aspectos como la garganta, el número de pasadas, la secuencia de ejecución o la posición de soldeo.

Finalmente, analizar las ventajas, los inconvenientes y las limitaciones del proceso MIG/MAG ayuda a seleccionar el método de soldeo más adecuado para cada situación, optimizando los recursos disponibles y garantizando la calidad del producto final en sectores como la fabricación de estructuras, la calderería, el transporte o la industria ligera.

Ejercicios de autoevaluación
Unidad de Aprendizaje 1

1. ¿Qué gases se utilizan en el proceso de soldeo MIG?

____

____

2. Completa la siguiente oración:

En el proceso MAG, el gas de protección es de tipo __________.

3. ¿Cuál es la función principal del hilo electrodo?

a. Refrigerar la pistola.
b. Aportar gas al baño de fusión.
c. Actuar como material de aporte y conducir la corriente eléctrica.
d. Regular la tensión del arco.

4. Determina si la siguiente oración es verdadera o falsa: "El proceso MIG/MAG permite mecanización y automatización".

- Verdadero
- Falso

5. Relaciona los elementos con su función:

a. Pistola.
b. Fuente de energía.
c. Hilo electrodo.

_ Proporciona la energía eléctrica necesaria.
_ Aplica la corriente y el gas sobre la pieza.
_ Conduce la corriente y aporta el metal.

6. ¿Qué norma europea clasifica los procesos de soldeo como 131 y 135?

____

____

7. ¿Qué información incluye una especificación pWPS?

____

____

8. Completa la siguiente oración:

El símbolo de soldeo se compone de una línea de referencia y una ________________.

9. ¿Para qué se usan los planos de detalle en soldadura?

____

____

10. Determina si la siguiente oración es verdadera o falsa: "El proceso MIG se utiliza principalmente para soldar aluminio y aceros inoxidables".

- Verdadero
- Falso

Unidad de aprendizaje 2

Fuentes de energía

Contenido

1. Introducción
2. Arco eléctrico
3. Corriente de soldadura
4. Polaridad en corriente continua: características, aplicaciones
5. Tipo de fuente: transformadores-rectificadores, curva característica
6. Resumen

Objetivos

Los objetivos específicos de esta Unidad de Aprendizaje son:

→ Comprender el fenómeno del arco eléctrico y su papel como fuente de calor en el proceso de soldeo MIG/MAG.

→ Analizar las distintas formas de transferencia del metal fundido en función de los parámetros eléctricos y del tipo de corriente utilizada.

→ Reconocer las zonas características del arco y su influencia en la calidad del cordón de soldadura.

→ Identificar los diferentes tipos de corriente y polaridad empleados en el soldeo con gas protector, sus aplicaciones y sus efectos sobre la soldadura.

→ Interpretar la curva característica de una fuente de energía y relacionarla con la estabilidad del arco durante el proceso de soldeo.

→ Distinguir entre los principales tipos de fuentes de energía empleados en soldeo MIG/MAG, comprendiendo su funcionamiento y sus características eléctricas.

1. Introducción

El proceso de soldadura MIG/MAG se basa en la creación de un arco eléctrico sostenido entre el alambre de aporte y la pieza, protegido por una atmósfera gaseosa. Esta fuente de calor, generada mediante energía eléctrica, debe controlarse cuidadosamente para lograr uniones fuertes, continuas y seguras.

Para entender el comportamiento del arco durante el soldeo, es esencial estudiar cómo influyen factores como la intensidad de corriente, el tipo de polaridad, la forma de transferencia del metal fundido y el tipo de fuente de energía empleada. Estos elementos determinan aspectos tan importantes como la penetración, el tamaño del cordón, la proyección de material o la estabilidad del arco.

Samuel está participando en el proyecto técnico de implantación de una línea de soldadura automatizada en una empresa metalúrgica. Tras identificar los símbolos, los procedimientos y los detalles técnicos, ahora se enfrenta al reto de conocer la fuente de energía necesaria para realizar la soldadura. Para ello, deberá conocer a fondo el arco eléctrico, su comportamiento bajo distintas condiciones y las características de los equipos disponibles en el mercado.

2. Arco eléctrico

HILO CONDUCTOR

Samuel, tras recibir el encargo de seleccionar la fuente de energía más adecuada para la nueva línea de producción, se da cuenta de que necesita comprender a fondo el funcionamiento del arco eléctrico. ¿Cómo influye la corriente? ¿Qué sucede si cambia la polaridad? ¿Qué forma tiene realmente ese arco del que tanto se habla? Solo dominando estos conceptos podrá tomar decisiones técnicas fundamentadas en su entorno profesional.

El **arco eléctrico** es el fenómeno físico que proporciona el calor necesario para fundir el metal base y el electrodo en los procesos de soldeo por arco, como el MIG/MAG. Se genera al establecerse una diferencia de potencial entre el electrodo y la pieza, creando un canal conductor por el que fluye la corriente a través de una atmósfera ionizada.

2.1. Pendiente del arco eléctrico

La pendiente del arco se refiere a la inclinación de la curva característica de la fuente de energía, es decir, la relación entre la tensión y la intensidad durante el funcionamiento del arco. Este concepto es esencial porque influye directamente en la estabilidad del arco, la forma del cordón y la facilidad de transferencia del metal.

Existen dos tipos fundamentales de pendiente:

Pendiente fuerte (rígida)	- Pequeños cambios en la tensión provocan grandes variaciones en la intensidad. Este comportamiento es típico de las fuentes de voltaje constante, donde la tensión se mantiene prácticamente estable, lo que permite que las variaciones en la longitud del arco se traduzcan en ajustes automáticos de la corriente.
Pendiente suave (blanda)	- Las variaciones en la tensión dan lugar a pequeños cambios en la intensidad. Este tipo se encuentra en fuentes de corriente constante, como las empleadas habitualmente en soldadura con electrodo revestido o TIG.

En el proceso MIG/MAG se utilizan fuentes de voltaje constante, por lo que la pendiente del arco es fuerte. Esto favorece una regulación automática de la intensidad en función de la distancia entre el electrodo y la pieza, manteniendo así un arco más estable y una transferencia continua del hilo.

2.2. Tipos de transferencia del metal

La forma en que el **metal fundido** pasa del alambre al baño de fusión recibe el nombre de **transferencia metálica.** En el soldeo MIG/MAG, esta transferencia puede clasificarse en tres tipos principales:

Transferencia globular

- El metal fundido forma gotas de gran tamaño que caen de manera irregular. Suele producirse con mezclas de gases activas (MAG) y baja tensión. Es menos estable y genera más proyecciones.

Transferencia por cortocircuito

- El alambre entra en contacto con el baño de fusión provocando cortocircuitos sucesivos. Es adecuada para espesores finos y trabajos en todas las posiciones, aunque requiere mayor habilidad para su control.

Transferencia por espray

- El metal fundido se proyecta en forma de gotas muy finas y continuas, sin contacto físico. Es más estable, con mejor penetración y menor salpicadura, pero requiere mayor intensidad y se recomienda para materiales gruesos y posición plana.

La **elección del tipo de transferencia** depende de factores como el voltaje de arco, la intensidad de corriente, el tipo de gas protector, el diámetro del hilo y la polaridad empleada.

NOTA

De modo orientativo, los modos de transferencia se asocian con los siguientes voltajes de arco:

Modo de transferencia	Voltaje de arco (en voltios)
Cortocircuito	<22
Globular	22-28
Espray	>28

2.3. Zonas características del arco eléctrico

El arco eléctrico presenta una estructura dividida en tres zonas diferenciadas:

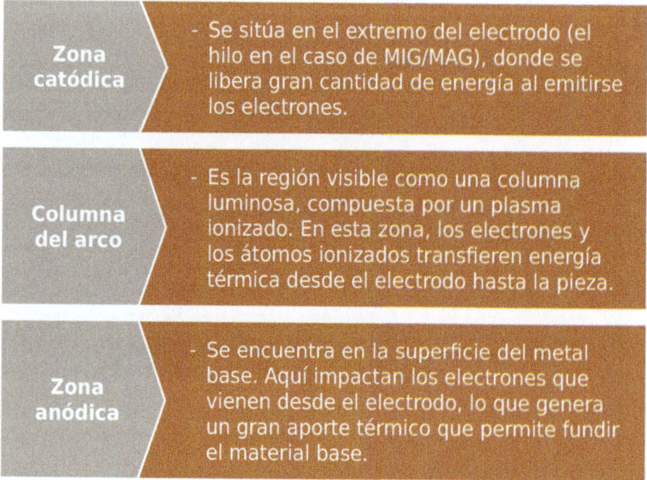

Estas zonas interactúan entre sí y determinan la forma y la estabilidad del baño de fusión. Comprender su comportamiento es clave para lograr un arco controlado y eficiente.

2.4. Influencia del tipo de corriente

El tipo de corriente eléctrica influye directamente en el comportamiento del arco. Existen dos tipos principales:

- **Corriente continua (CC):** es la más utilizada en MIG/MAG. La polaridad constante favorece una transferencia estable y controlada.
- **Corriente alterna (CA):** aunque es común en otros procesos como TIG o electrodo revestido, **no se suele utilizar en MIG/MAG** debido a la inestabilidad del arco y a la interrupción continua del proceso.

2.5. Polaridad

En los procesos de soldeo MIG/MAG se emplea habitualmente **corriente continua con polaridad directa,** lo que significa que el **electrodo (hilo**

continuo) se conecta al **polo positivo** de la fuente de energía, mientras que la pieza que soldar se conecta al **polo negativo.** Esta configuración es la más común debido a las siguientes razones:

Aumenta la concentración de calor en el metal base
- Lo que favorece una mayor penetración del cordón.

Mejora la estabilidad del arco
- Haciendo posible mantener una transferencia metálica más controlada y continua.

Facilita los modos de transferencia por cortocircuito y aspersión
- Según los parámetros eléctricos y el tipo de gas utilizado.

La **polaridad inversa** (electrodo negativo y pieza positiva) no se utiliza en MIG/MAG de forma convencional, ya que produce un arco inestable, reduce la penetración y puede provocar problemas de fusión. Por ello, su uso queda restringido a casos muy particulares o a otros procesos de soldeo con características distintas.

La corriente continua con polaridad directa (electrodo positivo) es la configuración más habitual en MIG/MAG. Esto favorece una transferencia de calor eficaz al material base y mejora la penetración del cordón.

2.6. Curva característica de la fuente de energía

El comportamiento eléctrico de una fuente de soldadura se analiza mediante dos curvas: la característica estática y la característica dinámica. Ambas permiten comprender cómo responden la tensión y la intensidad en condiciones normales o ante desequilibrios momentáneos.

Curva característica estática

La curva **característica estática** representa gráficamente la relación entre la **tensión (V)** y la **intensidad (I)** en régimen estable, es decir, cuando el arco está en funcionamiento normal y sin perturbaciones.

En los equipos MIG/MAG, esta curva debe ser prácticamente horizontal, lo que significa que aunque la intensidad varíe ligeramente, la tensión se mantiene casi constante. Este comportamiento se denomina **tensión constante,** típico de las fuentes utilizadas en estos procesos. La horizontalidad de la curva permite una **transferencia de metal más estable** y controlada.

Cuando se superpone la curva de funcionamiento del arco (en función de su longitud), el punto de intersección entre ambas define el llamado **punto de trabajo Q,** donde se establecen los valores reales de tensión e intensidad durante la soldadura.

Curva característica dinámica

La curva **característica dinámica** entra en juego cuando se produce una perturbación en el arco, como, por ejemplo, durante el **cebado inicial** o en un **cortocircuito momentáneo** debido a una gota que se desprende del hilo.

En estas situaciones, el equipo debe reaccionar rápidamente para **restablecer el equilibrio.** La respuesta se mide por la **velocidad de cambio de intensidad** frente al tiempo.

SABÍAS QUE...

Uno de los mecanismos más valorados por los soldadores en el proceso MIG/MAG es la **autorregulación,** es decir, la capacidad del equipo de compensar automáticamente pequeñas variaciones introducidas por el operario.

Supongamos que un soldador, sin darse cuenta, aleja ligeramente la pistola de la pieza. Este aumento de la **distancia libre de hilo** alarga el arco, lo que provoca un **aumento de la tensión** y una **disminución de la intensidad.** Al haber menos corriente, el hilo se funde más lentamente y el arco tiende a

Continúa en página siguiente >>

<< Viene de página anterior

acortarse de nuevo. Este ajuste progresivo lleva el sistema hacia un nuevo punto de equilibrio adaptado a la nueva situación.

Este fenómeno permite que el proceso de soldeo sea **más estable y tolerante** a pequeños errores en la posición de la pistola, favoreciendo un trabajo más cómodo y seguro.

ACTIVIDAD COMPLEMENTARIA

4. Investiga en la web y busca una curva característica para una fuente de energía con voltaje constante. Consejo: busca algún fabricante de maquinaria de soldadura.

3. Corriente de soldadura

HILO CONDUCTOR

Mientras practica con el panel de control del equipo MIG, Samuel observa que puede seleccionar distintos tipos de corriente. Su instructor lo anima a preguntarse "¿Por qué usamos corriente continua y no alterna? ¿Depende del material o del tipo de hilo?". Estas preguntas dan pie a explorar uno de los fundamentos clave del proceso de soldadura: la corriente de soldadura.

El correcto ajuste de los parámetros eléctricos es fundamental para obtener soldaduras de calidad. Uno de los elementos clave es la corriente de soldadura, que determina en gran medida la cantidad de calor generada, la forma del cordón, el tipo de transferencia metálica y la estabilidad del arco. Comprender cómo influye la corriente, qué tipos existen y cómo seleccionar la más adecuada según el material base, el tipo de electrodo y el equipo disponible es esencial para lograr un proceso controlado, seguro y eficiente.

3.1. Características de la corriente de soldadura

En los procesos MIG y MAG, la corriente eléctrica tiene una función principal: proporcionar el calor necesario para fundir el hilo electrodo y el material base. Esta corriente puede medirse en términos de **intensidad (amperios);** determina la cantidad de calor generado. Una mayor intensidad produce más penetración en el material.

Si la corriente se asocia a un arco más largo (mayor tensión) da lugar a un cordón más ancho, pero con menor penetración.

Es importante buscar una combinación equilibrada de tensión e intensidad que asegure un arco constante y una transferencia adecuada.

3.2. Selección del tipo de corriente en función del equipo, el material base y el electrodo o alambre

En los procesos MIG/MAG se utiliza exclusivamente corriente continua (CC), principalmente con polaridad directa (electrodo positivo, pieza negativa). Esta elección responde a la necesidad de un arco más estable, mayor control del baño de fusión y mejor penetración. La corriente alterna (CA), habitual en otros procesos como el soldeo por resistencia o TIG en ciertos materiales, no se emplea en MIG/MAG por su inestabilidad con alambres continuos.

La elección precisa de la corriente dentro de los márgenes del proceso depende de varios factores:

- **Tipo de equipo de soldeo:**
  - Los equipos MIG/MAG están diseñados para trabajar con **corriente continua** de polaridad directa (electrodo positivo).
  - Los equipos MIG/MAG trabajan con fuentes de voltaje constante (CV) que permiten mantener estable la tensión mientras varía la intensidad según la distancia del hilo, facilitando así el efecto de autorregulación. Este tipo de fuente es el más adecuado para procesos semiautomáticos con alimentación continua de hilo.
  - Este tipo de corriente permite una transferencia metálica estable y un arco controlado.
- **Material base:**
  - Para acero al carbono y aceros de baja aleación, se usa CC con polaridad directa.

- En materiales más sensibles, como el acero inoxidable o el aluminio, también se emplea CC, pero ajustando el tipo de gas y la configuración del equipo.
- A medida que aumenta el espesor de la pieza, se necesita una mayor intensidad de corriente para garantizar una fusión adecuada. Esto implica ajustar tanto la corriente como el voltaje, manteniendo siempre la polaridad directa.

- **Tipo de hilo o electrodo:**
  - Los hilos macizos requieren un ajuste fino de intensidad y voltaje para evitar proyecciones.
  - Los hilos tubulares pueden tolerar algo más de variación, pero también se benefician de una CC estable.
  - La polaridad recomendada para los hilos de aportación en MIG/MAG suele ser positiva en el hilo (pistola) y negativa en la pieza, es decir, polaridad directa.
  - Un mayor diámetro de hilo exige una mayor intensidad para fundirse correctamente. Por ejemplo, un hilo de 1,2 mm requerirá más corriente que uno de 0,8 mm. Esta relación influye directamente en la selección de los parámetros de soldadura y en la capacidad del equipo.

ACTIVIDAD COMPLEMENTARIA

5. Investiga y compara el uso de corriente continua (CC) con polaridad directa frente al uso de corriente alterna (CA) en procesos de soldeo. Completa la siguiente tabla con los efectos de cada tipo de corriente sobre el arco eléctrico, la estabilidad y la transferencia del metal.

Tipo de corriente	Estabilidad del arco	Transferencia metálica	Uso habitual
Corriente continua (CC) con polaridad directa			
Corriente alterna (CA)			

4. Polaridad en corriente continua: características, aplicaciones

HILO CONDUCTOR

Samuel se encuentra supervisando un nuevo equipo de soldadura que ha llegado al taller. Mientras ajusta los parámetros para realizar una serie de cordones de prueba, observa en el panel del equipo una indicación sobre la conexión de la polaridad. Aunque ya está familiarizado con la configuración básica, se pregunta por qué siempre se emplea una polaridad concreta en el soldeo MIG/MAG y qué efectos tendría invertirla. Para resolver sus dudas, consulta el manual técnico del equipo y conversa con su instructor, que le aclara varios conceptos clave sobre el uso de la polaridad en corriente continua.

La polaridad en corriente continua es un factor determinante en la calidad de la soldadura. Su correcta elección afecta directamente al comportamiento térmico del arco, la estabilidad del proceso y la fusión del metal. Aunque ya se ha mencionado de forma breve anteriormente, en este apartado se profundiza en sus características y las aplicaciones concretas dentro del proceso MIG/MAG.

RECUERDA

En el contexto del soldeo con corriente continua, se denomina:

- **Polaridad directa:** el electrodo (en este caso, el hilo) se conecta al polo positivo de la fuente y la pieza, al negativo.
- **Polaridad inversa:** el electrodo se conecta al polo negativo y la pieza, al positivo.

4.1. Características de la polaridad

La elección de polaridad influye significativamente en el comportamiento térmico y la calidad del cordón:

- En **polaridad directa (DCEP-DC+),** el flujo de electrones va desde la pieza hacia el hilo, provocando que el 70–80 % del calor se genere en el electrodo. Esto produce:
  - Buena penetración.
  - Estabilidad del arco.
  - Transferencia eficiente de material.
- En **polaridad inversa (DCEN DC-),** el flujo de electrones se invierte y el calor se concentra en la pieza. Esto puede generar:
  - Mala fusión del hilo.
  - Inestabilidad del arco.
  - Defectos en el cordón.

Por este motivo, **la polaridad directa es la recomendada** en los procesos MIG y MAG, ya que asegura una fusión uniforme y un control térmico favorable.

4.2. Aplicaciones y consideraciones prácticas

La **polaridad directa** es la **estándar para MIG/MAG,** tanto en hilos macizos como tubulares con gas. Se utiliza en:

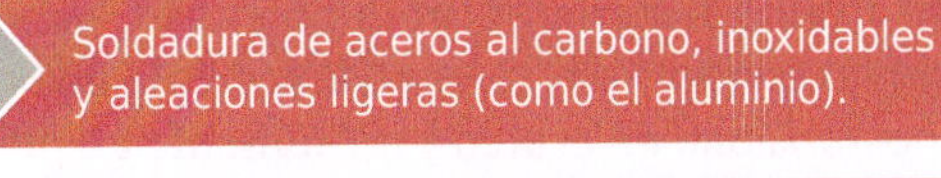

SPosiciones planas y en todas las demás posiciones de soldeo.

La **polaridad inversa** se emplea **excepcionalmente,** por ejemplo:

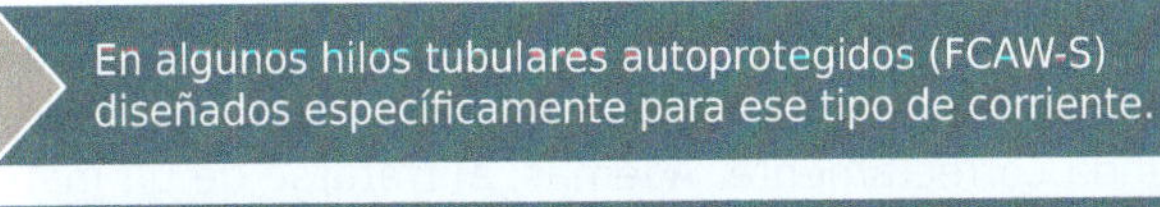

En pruebas o situaciones específicas que requieren minimizar la penetración.

APLICACIÓN PRÁCTICA

Samuel está trabajando en una estructura metálica de acero al carbono de gran espesor, utilizando el proceso MIG con hilo macizo de 1,2 mm. El equipo de soldeo ha sido configurado previamente por otro operario y, durante la ejecución de los cordones, Samuel observa que el arco es inestable, aparecen proyecciones excesivas y la penetración del cordón es muy superficial. Además, detecta que se está usando una configuración con polaridad inversa (electrodo negativo, pieza positiva).

Ante esta situación, Samuel decide revisar el tipo de corriente, la polaridad y el tipo de hilo utilizado, y plantea corregir los errores para asegurar una unión de calidad.

1. **Explica por qué la configuración con polaridad inversa está provocando problemas en la estabilidad del arco y la fusión.**
2. **Indica qué tipo de corriente y polaridad deberían emplearse para este trabajo, justificando tu respuesta según el tipo de material base y el tipo de hilo.**
3. **¿Qué ajustes eléctricos debería considerar Samuel en función del diámetro del hilo (1,2 mm) y del espesor del acero al carbono?**

Solución

1. **Polaridad inversa incorrecta:** la polaridad inversa (electrodo negativo, pieza positiva) concentra el calor en la pieza, lo que provoca una mala fusión del hilo, inestabilidad en el arco y un aumento de proyecciones. Esto explica los defectos observados por Samuel.
2. **Configuración correcta:** se debe emplear **corriente continua con polaridad directa** (electrodo positivo, pieza negativa), ya que:

   - Es la configuración recomendada para **acero al carbono.**
   - Proporciona una **transferencia metálica estable, mayor penetración** y mejor control del arco, especialmente con **hilo macizo.**

3. **Ajuste de parámetros según el hilo:** un hilo de **1,2 mm** requiere **mayor intensidad de corriente** que uno de menor diámetro, para asegurar que se funda correctamente. Además, al tratarse de un material base de gran espesor, se deben incrementar tanto la **intensidad** como el **voltaje,** siempre manteniendo la **polaridad directa,** para lograr una fusión adecuada del cordón.

5. Tipo de fuente: transformadores-rectificadores, curva característica

☞ HILO CONDUCTOR

Samuel, cada vez más familiarizado con los procedimientos MIG/MAG, se encuentra en una nueva fase de aprendizaje. En esta ocasión, el jefe de taller le ha encomendado una revisión técnica de los distintos equipos de soldeo disponibles para asegurar que se utilice el más adecuado para un trabajo que requiere gran estabilidad en el arco. Para poder tomar una decisión informada, Samuel debe conocer no solo el tipo de corriente que suministran estos equipos, sino también cómo se comporta dicha corriente a lo largo del proceso de soldadura.

Para comprender correctamente el funcionamiento de cualquier equipo de soldeo por arco, es fundamental conocer los principales componentes que lo integran. Los grupos MIG/MAG comparten una serie de elementos comunes con otros procesos de soldeo por arco eléctrico, ya que todos deben cumplir funciones básicas como la conversión de energía, la regulación de la intensidad y la entrega continua del hilo de aportación. Además, el tipo de fuente de energía empleada influye directamente en la estabilidad del arco, el tipo de transferencia metálica y la calidad final del cordón.

5.1. Fuente de energía

La **fuente de energía,** también conocida como **fuente de potencia,** constituye uno de los componentes esenciales en cualquier equipo de soldadura.

En el mercado actual existen desde modelos básicos y robustos hasta versiones más avanzadas, con tecnología de última generación. Es importante tener en cuenta que estos sistemas están en constante evolución, incorporando mejoras que dejan obsoletas a versiones anteriores en cuanto a rendimiento y funcionalidad.

Este tipo de equipos suelen alimentarse conectándolos a redes eléctricas fijas, ya sea mediante suministro **monofásico** (~) o **trifásico** (**3~**), dependiendo de la potencia necesaria y del consumo eléctrico requerido por el proceso de soldeo.

Las fuentes de soldadura están diseñadas para responder a exigencias técnicas específicas, entre las que destacan:

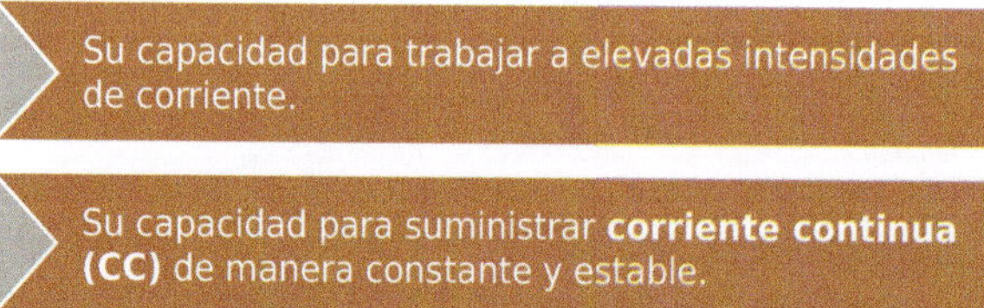

Ambas condiciones son fundamentales para que el **hilo de aportación** —también conocido como electrodo continuo— se funda correctamente al avanzar desde la pistola de soldadura hacia la junta.

Dentro del chasis metálico que alberga la fuente de potencia se encuentran componentes clave como el **transformador,** el **rectificador** y la **inductancia,** los cuales permiten convertir la corriente de entrada en la forma y las características necesarias para el proceso MIG/MAG.

Carro con equipo de soldadura MIG/MAG

5.2. Transformador

Su misión principal, además de proporcionar la **energía suficiente para fundir el electrodo consumible,** consiste en **recibir la corriente y la tensión alterna** procedentes de la red eléctrica y **transformarlas,** ajustando sus valores para adaptarlos a los requerimientos específicos del proceso de soldadura.

Un **transformador eléctrico** está formado por un **núcleo ferromagnético** (generalmente compuesto por láminas metálicas apiladas) y por varias bobinas enrolladas sobre él. Estas bobinas se dividen en:

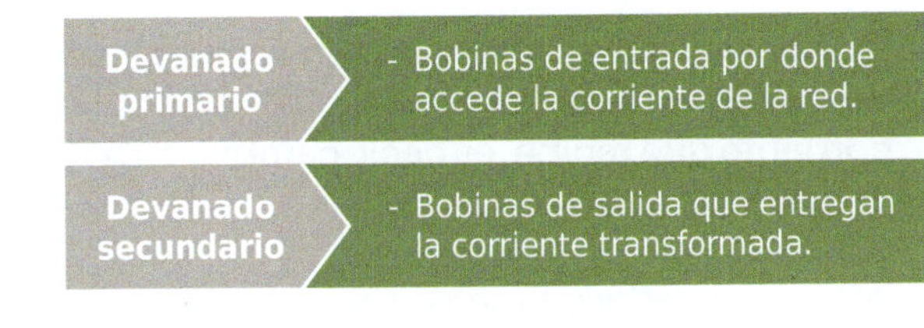

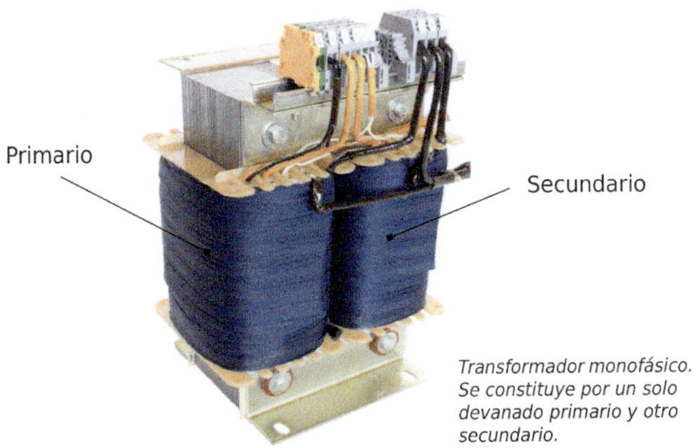

Transformador monofásico. Se constituye por un solo devanado primario y otro secundario.

Cuando la corriente alterna entra en el **devanado primario,** se generan fenómenos electromagnéticos que permiten modificar sus valores. En el caso de un **transformador reductor,** lo que ocurre es que **disminuye la tensión** y **aumenta la corriente de salida,** adecuándose así a los parámetros del proceso de soldeo.

Este cambio de magnitudes se basa en un principio conocido como **relación de transformación,** que regula los niveles de tensión e intensidad. Sin embargo, la **potencia eléctrica total (voltaje x corriente)** se mantiene constante entre la entrada y la salida del transformador.

NOTA

En los equipos de soldadura, el transformador **incrementa la corriente** que proporciona a la salida mientras **reduce el voltaje** recibido de la red eléctrica.

5.3. Rectificador de onda

Este componente trabaja habitualmente en conjunto con el **transformador de corriente** y se sitúa a la **salida de este.** Su función principal es **modificar el tipo de corriente que recibe,** es decir, **cambiar su naturaleza sin alterar su valor o magnitud.**

Dado que el transformador entrega **corriente alterna (CA),** este dispositivo se encarga de **convertirla en corriente continua (CC).** Esta conversión es imprescindible para el funcionamiento de los equipos de soldadura **MIG/MAG,** que requieren una corriente estable y unidireccional.

Un **rectificador de corriente** está constituido por **componentes semiconductores,** entre los que destacan los **diodos rectificadores,** fabricados normalmente con **silicio** o **germanio.** Estos diodos suelen estar montados sobre **aletas metálicas o chasis disipadores de calor,** que permiten evacuar el calor generado durante la transformación de corriente, protegiendo así los componentes electrónicos frente al sobrecalentamiento.

IMPORTANTE

El rectificador no modifica la tensión ni la intensidad de la corriente; simplemente cambia su tipo, transformando la corriente alterna en continua.

Continúa en página siguiente >>

<< Viene de página anterior

Rectificador de onda

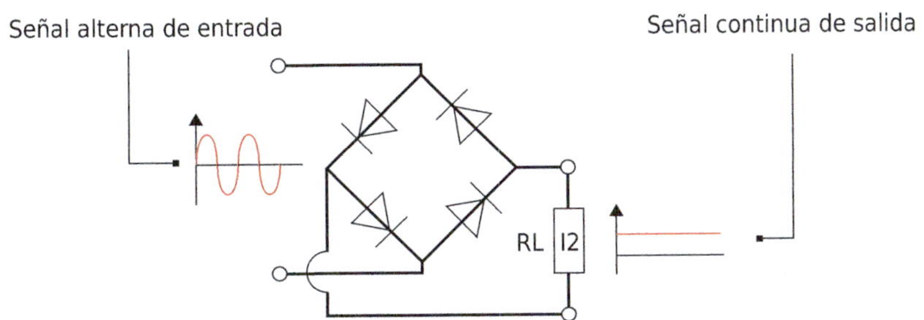

Representación eléctrica del rectificador de onda. RL e I2 hacen referencia a la resistencia y la corriente de salida.

5.4. Inductancia

La función principal de este componente es **garantizar un aislamiento eficaz en el paso de la corriente de soldadura,** lo que contribuye directamente a **mejorar la estabilidad del arco** durante el proceso de soldeo.

El **circuito inductivo,** que da nombre al dispositivo, está formado por un **núcleo de material ferromagnético** sobre el cual se **enrollan varias espiras conductoras,** calculadas previamente, por donde fluye de manera continua la corriente utilizada en la soldadura.

Cuando el valor de la **inductancia** es excesivamente alto, **dificulta el cebado del arco eléctrico,** es decir, complica el inicio correcto del proceso de soldeo. Para evitar este inconveniente, los equipos de soldadura modernos incorporan sistemas que **neutralizan o desactivan temporalmente este efecto** durante la fase inicial de encendido del arco.

Inductancia

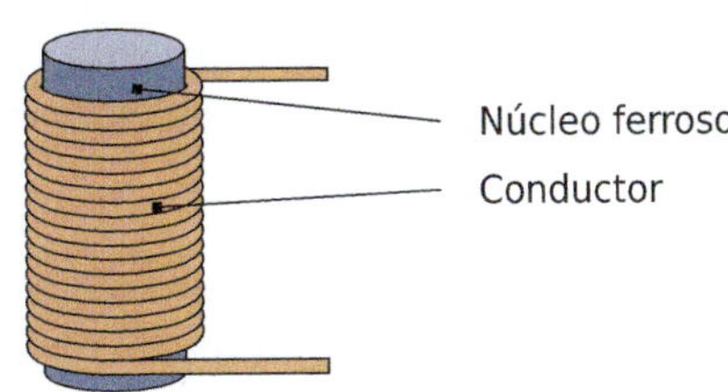

ACTIVIDAD COMPLEMENTARIA

6. Investiga en internet o consulta catálogos técnicos de fabricantes y responde:

   a. ¿Qué ventajas ofrecen los equipos de soldadura MIG/MAG con tecnología inverter frente a los tradicionales con transformador convencional?
   b. Nombra un modelo comercial actual que use tecnología inverter y describe brevemente sus características eléctricas (tipo de corriente, control de voltaje, funcionalidades adicionales, etc.).
   c. ¿Qué beneficios podría aportar esta tecnología en una línea de producción automatizada como la que está analizando Samuel?

5.5. Curva característica

Además de los componentes internos, cada equipo de soldeo cuenta con un comportamiento eléctrico propio que se representa gráficamente mediante lo que se conoce como **curva característica de la fuente de energía.**

Esta curva refleja cómo varía la **tensión de salida (voltaje)** en función de la **intensidad de corriente** durante el proceso de soldadura. Su análisis es esencial para entender el tipo de transferencia metálica que se va a producir, así como la **estabilidad del arco,** la capacidad de penetración y la calidad final del cordón.

En soldadura MIG/MAG, se emplean **fuentes de tensión constante,** también conocidas como de **pendiente plana.** Estas fuentes mantienen la **tensión prácticamente constante,** incluso cuando se producen pequeñas variaciones en la distancia entre el electrodo y la pieza (longitud del arco). Esta característica permite que, si el hilo se acerca demasiado a la pieza y aumenta la intensidad, la tensión baje ligeramente, estabilizando de nuevo el proceso y **evitando cortocircuitos o interrupciones en el arco.**

Por el contrario, en otros procesos como la soldadura con electrodo revestido (SMAW), se utilizan **fuentes de corriente constante** con una **curva descendente pronunciada,** ya que el operario controla manualmente la longitud del arco y se necesita mantener estable la corriente.

En resumen, la **curva característica plana** de los equipos MIG/MAG facilita el uso de **alimentadores automáticos de hilo** y contribuye a lograr una transferencia metálica continua, controlada y adecuada para trabajos en serie o de gran volumen.

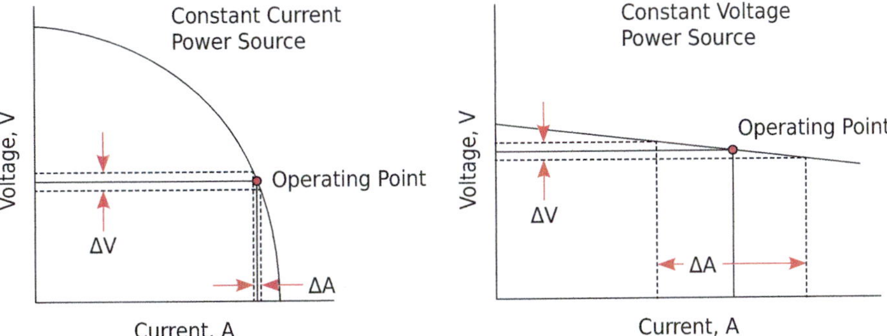

Curvas características de fuente de energía de corriente constante y fuente de energía de tensión constante

Aquí tienes un ejemplo muy sencillo que muestra claramente la diferencia entre una **fuente de corriente constante (CC)** y una **fuente de tensión constante (CV):**

- A la izquierda se representa una fuente CC —su curva es casi vertical—, donde la corriente apenas varía si cambia la tensión.
- A la derecha, la fuente CV —como las utilizadas en soldadura MIG/MAG— se muestra con una curva casi horizontal: aunque la corriente cambie, la tensión permanece estable.

TAREA 2

Un soldador, compañero de trabajo de Samuel, le ha informado de que ha notado un funcionamiento incorrecto del equipo de soldadura. Los conocimientos de Samuel lo llevan a realizar una serie de mediciones eléctricas y comprobaciones. Verifica que la tensión de salida es la misma que la de entrada y que dicha corriente es alterna.

¿Qué debería indicar Samuel al responsable de mantenimiento del taller para indicarle lo que le podría estar pasando al equipo de soldeo?

6. Resumen

Comprender el tipo de fuente de energía empleada en los equipos de soldeo MIG/MAG es fundamental para interpretar cómo se genera y regula el arco eléctrico durante el proceso. Los equipos actuales incorporan elementos clave como el transformador, el rectificador y la inductancia, encargados de transformar la corriente alterna de la red en corriente continua estable, imprescindible para lograr la correcta fusión del hilo de aportación.

La fuente de potencia no solo adapta los valores de tensión e intensidad, sino que también influye directamente en la estabilidad del arco, en la forma de transferencia metálica y en la calidad del cordón resultante. Su capacidad para suministrar una corriente constante ante pequeñas fluctuaciones del arco es especialmente útil en procesos semiautomáticos, donde es común que varíe la distancia entre el electrodo y la pieza.

Asimismo, la curva característica de estos equipos, normalmente de tensión constante, permite visualizar cómo responde la fuente frente a los cambios de intensidad. Esta información resulta esencial para mantener una fusión continua, homogénea y segura durante todo el proceso.

Dominar estos principios técnicos permite al personal de soldeo seleccionar el equipo más adecuado y configurar sus parámetros correctamente, optimizando la eficiencia del trabajo y garantizando uniones de calidad incluso en contextos industriales exigentes.

Ejercicios de autoevaluación Unidad de Aprendizaje 2

1. **¿Qué tipo de corriente se utiliza exclusivamente en los procesos MIG/MAG?**

   ____

   ____

2. **Completa la siguiente oración:**

   En los equipos MIG/MAG, se emplea una fuente de tensión ____________, lo que permite mantener estable el voltaje mientras varía la intensidad.

3. **¿Qué ocurre si se invierte la polaridad en un proceso MIG/MAG (electrodo negativo, pieza positiva)?**

   a. Se logra una mayor penetración y un arco más estable.
   b. Se reduce la fusión del hilo y se produce un arco inestable.
   c. Se mejora la transferencia por espray.
   d. No hay efecto apreciable en la soldadura.

4. **Determina si la siguiente oración es verdadera o falsa: "Los hilos macizos requieren menos precisión en los ajustes de intensidad y voltaje que los tubulares".**

   - Verdadero
   - Falso

5. **Relaciona los elementos internos del equipo con su función principal:**

   a. Transformador
   b. Rectificador
   c. Inductancia

   __ Suaviza la corriente de salida para mejorar la estabilidad del arco.
   __ Convierte la corriente alterna en continua.
   __ Adapta la tensión de red al nivel necesario para soldar.

6. **¿Qué sucede si se utiliza un hilo de mayor diámetro (por ejemplo, 1,2 mm) en lugar de 0,8 mm sin ajustar la intensidad de corriente?**

____

____

7. **¿Cuál es la función principal del efecto de autorregulación en los equipos MIG/MAG con fuente de voltaje constante?**

____

____

8. **Determina si la siguiente oración es verdadera o falsa: "En MIG/MAG, la corriente alterna se emplea para evitar el sobrecalentamiento del hilo".**

- Verdadero
- Falso

9. **Completa la siguiente oración:**

La curva característica de una fuente de voltaje constante es prácticamente __________, lo que permite mantener la tensión constante incluso con pequeñas variaciones en la intensidad.

10. **¿Qué tipo de transferencia metálica se favorece con el uso de corriente continua con polaridad directa y parámetros adecuados en MIG/MAG?**

____

____

Unidad de aprendizaje 3

Equipo de soldeo

Contenido

1. Introducción
2. Descripción de la máquina: tipo de corriente de alimentación, tipo de corriente de soldeo, tipo de fuente y símbolos de procesos de soldeo, tensión de vacío, ajustes I-V, ajustes de factor de marcha, curva característica
3. Regulaciones: voltaje de soldeo, cebado del arco
4. Componentes: pistola, conexiones a masa, unidad de alimentación del alambre (tipo, componentes)
5. Resumen

Objetivos

Los objetivos específicos de esta Unidad de Aprendizaje son:

→ Comprender el funcionamiento interno del equipo de soldeo MIG/MAG, identificando los distintos tipos de corriente empleados, su forma de alimentación y la fuente de energía asociada.

→ Reconocer los símbolos normalizados de los procesos de soldeo y su relación con las características eléctricas del equipo.

→ Interpretar correctamente la curva característica de la fuente de soldeo y su influencia en el comportamiento del arco.

→ Conocer el significado y la importancia de la tensión de vacío, así como los ajustes de intensidad, voltaje y factor de marcha en la configuración de la máquina.

→ Analizar los parámetros fundamentales de regulación del equipo, como el voltaje de soldeo y el cebado del arco, comprendiendo su influencia en la calidad del cordón.

→ Identificar los principales componentes del equipo MIG/MAG, tales como la pistola, las conexiones a masa y la unidad de alimentación del hilo, diferenciando su función y el modo de mantenimiento.

→ Aplicar criterios técnicos para ajustar y mantener en buen estado el equipo de soldeo, optimizando su rendimiento en función del trabajo que realizar.

1. Introducción

El soldeo por arco bajo gas protector con electrodo consumible (MIG/MAG) se ha consolidado como una técnica fundamental en los procesos de fabricación y reparación de estructuras metálicas. Su eficiencia, la continuidad en el aporte y su versatilidad frente a diferentes materiales lo convierten en una opción habitual en entornos industriales exigentes. Sin embargo, el rendimiento del proceso no depende únicamente de la técnica del soldador, sino también del conocimiento y el manejo adecuado del equipo de soldeo.

En esta unidad se aborda el análisis técnico del equipo MIG/MAG desde una perspectiva operativa. Se profundiza en el conocimiento de la máquina: el tipo de corriente utilizada, su fuente de energía, los sistemas de regulación, y los distintos componentes que permiten que el proceso se desarrolle con eficacia y seguridad.

Conocer cómo está construido el equipo, qué elementos lo conforman, cómo se regulan sus parámetros y cómo se comporta eléctricamente bajo diferentes condiciones de trabajo es esencial para tomar decisiones técnicas acertadas en el entorno profesional. Esto permite no solo realizar un soldeo eficiente, sino también prevenir errores, detectar anomalías en el funcionamiento y adaptar el equipo a las características concretas de cada trabajo.

Samuel ha sido asignado al taller de mantenimiento, donde deberá verificar, configurar y poner a punto una máquina de soldeo antes de su uso en una obra de calderería. Su experiencia como operario no es suficiente: deberá demostrar que comprende a fondo el funcionamiento interno del equipo, sus sistemas de regulación y los elementos que lo componen.

2. Descripción de la máquina: tipo de corriente de alimentación, tipo de corriente de soldeo, tipo de fuente y símbolos de procesos de soldeo, tensión de vacío, ajustes I-V, ajustes de factor de marcha, curva característica

HILO CONDUCTOR

Samuel debe revisar el equipo asignado. Se trata de una fuente semiautomática destinada al proceso MAG con hilo macizo. El operario anterior ha dejado configuraciones poco claras y hay indicios de que la máquina no está entregando una corriente adecuada. Samuel decide entonces repasar los elementos principales que determinan el comportamiento eléctrico de la máquina, desde su tipo de alimentación hasta la curva característica de la fuente. Este análisis será clave para ajustar correctamente el equipo y garantizar un soldeo eficiente y seguro.

2.1. Tipo de corriente de alimentación

El equipo de soldeo MIG/MAG requiere una fuente de alimentación eléctrica que suministre energía al sistema. Esta alimentación puede ser monofásica o trifásica, en función de la potencia requerida y del tipo de instalación eléctrica del taller:

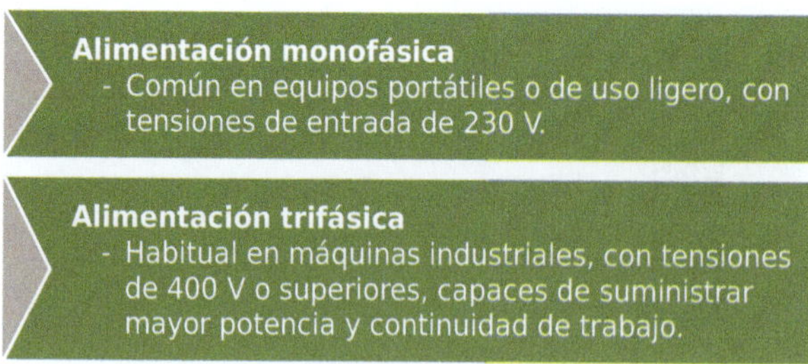

Este tipo de alimentación no debe confundirse con el tipo de corriente de soldeo que se aplica finalmente al arco.

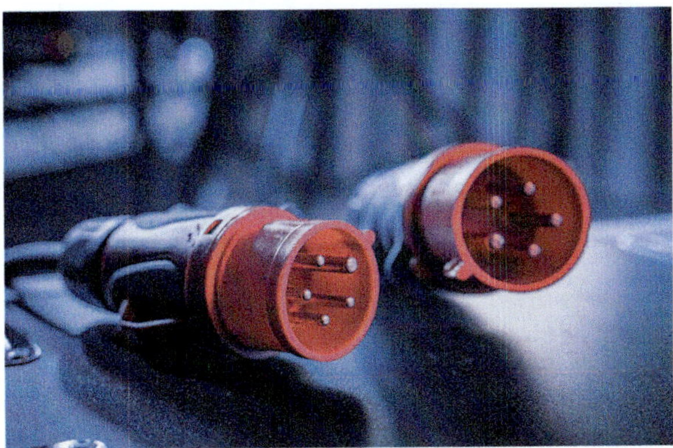

Conectores de alimentación en fase trifásica

2.2. Tipo de corriente de soldeo

Los equipos MIG/MAG trabajan exclusivamente con **corriente continua (CC),** concretamente con **polaridad directa:** el electrodo (hilo continuo) conectado al polo positivo y la pieza, al negativo. Esta configuración asegura:

- Arco más estable.
- Mejor penetración.
- Control más preciso del baño de fusión.
- Reducción de proyecciones indeseadas.

Este tipo de corriente se genera en el interior del equipo a partir de la corriente alterna de red mediante un conjunto de transformador, rectificador e inductancia.

Proyecciones asociadas al soldeo MIG/MAG

2.3. Tipo de fuente de energía

Los equipos MIG/MAG se basan en una fuente de **voltaje constante (CV, *Constant Voltage*).** Este tipo de fuente mantiene **la tensión prácticamente constante,** incluso cuando se producen ligeras variaciones en la longitud del arco.

Las ventajas de una fuente de voltaje constante son:

- Facilita la autorregulación del proceso.
- Compensa automáticamente pequeñas variaciones en la distancia pistola-pieza.
- Es idónea para procesos semiautomáticos con alimentación continua del hilo.

En la práctica, si el arco se acorta, la intensidad aumenta y el hilo se funde más rápido; si el arco se alarga, la intensidad disminuye, lo que estabiliza el proceso.

2.4. Símbolos de los procesos de soldeo

Los equipos de soldeo suelen contener una serie de símbolos con los que el operario puede cambiar o ajustar los parámetros dependiendo del trabajo que haya que realizar. A continuación, se presentan dichos símbolos con la descripción de cada uno de ellos:

Símbolo	Descripción
	Método de soldadura MIG/MAG
 SYN	Ajuste sinérgico
	Ajuste manual
	Relleno del cráter
	Modo 4 tiempos (gatillo)

Continúa en página siguiente >>

<< Viene de página anterior

1↔3	Cambio de programa desde la antorcha
	Selección de arranque en caliente
	Purgado de gas
~A	Estimación de amperaje
	Inductancia
1, 2, ...	Selección sinérgica
A	Corriente
S	Segundos
	Método de soldadura MMA
QS	Ajuste QSet™
	Arranque lento (modo de avance progresivo del hilo)
	Modo 2 tiempos (gatillo)
	Ajuste desde el panel
	Unidad de control remoto
V / QS	Ajuste de voltaje / QSet™
	Velocidad de alimentación de hilo o avance manual
t	Tiempo de relleno del cráter
t	Tiempo de flujo de gas posterior
V	Voltaje

Continúa en página siguiente >>

<< *Viene de página anterior*

%	Porcentaje
VRD	Dispositivo reductor de voltaje

Estos símbolos están extraídos del *ESAB MA25 Pulse Control Panels Instruction Manual*. Algunos de ellos pueden cambiar dependiendo del modelo o la marca.

2.5. Tensión de vacío

La **tensión de vacío** (también conocida como tensión en circuito abierto) es el valor de tensión entre los bornes de salida de la máquina cuando no hay arco (es decir, sin carga). Su valor puede oscilar entre **40 y 90 V,** dependiendo del equipo.

La importancia de la tensión de vacío:

- Facilita el encendido del arco.
- Debe ser suficientemente alta para ionizar el gas protector y establecer el arco con facilidad.
- No representa peligro si el equipo está correctamente aislado, pero puede producir descargas en condiciones inadecuadas.

2.6. Ajustes de intensidad y voltaje (I-V)

Los equipos de soldeo permiten ajustar tanto la **intensidad I (amperios)** como la **tensión o voltaje - V (voltios)** del arco, aunque la forma de hacerlo depende del modelo de máquina:

- En fuentes con control sinérgico, se ajusta solo un parámetro (normalmente la intensidad) y el equipo calcula automáticamente el resto.
- En equipos manuales, el soldador debe ajustar por separado la tensión y la velocidad de alimentación del hilo, lo que afecta directamente a la intensidad de soldeo.

Panel frontal de una máquina de soldeo. Desde aquí se ajustan los parámetros de I-V.

ACTIVIDAD COMPLEMENTARIA

7. Investiga cómo se realizan los ajustes de **intensidad (I)** y **voltaje (V)** en las máquinas de soldeo MIG/MAG, especialmente en modelos con control **manual** y en aquellos con regulación **sinérgica.**

   Responde:

   1. ¿Qué diferencia hay entre una máquina con control sinérgico y otra con control manual?
   2. ¿Qué parámetros se deben ajustar en cada tipo y cómo se relacionan con el tipo de hilo o el espesor del material?
   3. Indica los valores aproximados de intensidad y voltaje recomendados para soldar acero al carbono de 3 mm con hilo macizo de 0,8 mm.

2.7. Ajustes del factor de marcha

El **factor de marcha** indica el tiempo máximo que un equipo puede trabajar sin sobrecalentarse, en ciclos de 10 minutos. Se expresa como un porcentaje y se acompaña de un valor de intensidad. Este dato es esencial para evitar paradas inesperadas y sobrecargas térmicas durante el trabajo.

Factor de marcha 60 % a 200 A: el equipo puede trabajar durante 6 min a 200 amperios antes de necesitar 4 min de descanso.

2.8. Curva característica

La **curva característica** de una fuente de voltaje constante es prácticamente **horizontal.** Esto implica que, aunque varíe la intensidad del arco (por cambios en la distancia del hilo o irregularidades en la alimentación), la tensión se mantiene estable.

Este comportamiento es ideal para procesos semiautomáticos como MIG/MAG, ya que permite mantener un arco estable y una transferencia metálica controlada.

 ACTIVIDAD COMPLEMENTARIA

8. Localiza en la web una máquina real de soldeo y revisa su ficha técnica. En ella localiza y anota su factor de marcha.

3. Regulaciones: voltaje de soldeo, cebado del arco

 HILO CONDUCTOR

Samuel ha aprendido que un equipo de soldeo no solo se limita a encenderse y funcionar, sino que requiere una serie de ajustes finos que permiten adaptar el proceso a las necesidades de cada trabajo. Durante una intervención rutinaria, recibe el encargo de preparar la máquina para realizar una serie de cordones

Continúa en página siguiente >>

<< Viene de página anterior

en acero inoxidable de espesor medio. Antes de comenzar, sabe que debe comprobar y ajustar correctamente dos aspectos fundamentales: el voltaje de soldeo y el cebado del arco. Ambos elementos influyen directamente en la estabilidad del proceso, la calidad del cordón y la eficiencia operativa del equipo.

Antes de iniciar cualquier soldeo, es esencial comprender qué parámetros deben regularse y cómo influyen en el comportamiento del arco y del material fundido. Estas regulaciones permiten adaptar el proceso a las condiciones de trabajo, garantizar la calidad del cordón y optimizar el rendimiento del equipo. En los procesos MIG/MAG, las regulaciones más destacadas son el voltaje de soldeo y el cebado del arco.

3.1. Voltaje de soldeo

El voltaje de soldeo (también denominado tensión de arco) es uno de los parámetros eléctricos fundamentales en el proceso MIG/MAG. Determina la distancia entre el electrodo (hilo continuo) y la pieza, y está directamente relacionado con la longitud del arco. En las fuentes de voltaje constante, como las empleadas en este proceso, el valor de tensión se mantiene fijo mientras la intensidad varía según la resistencia del circuito.

Un voltaje demasiado bajo puede provocar un arco corto e inestable, generando defectos como inclusiones, falta de fusión o un cordón con un perfil elevado y pobre penetración. Por el contrario, un voltaje excesivo alargará el arco, lo que se traduce en mayor proyección, cordones anchos y a menudo con escasa penetración, además de un aumento de la oxidación del baño.

Por tanto, ajustar correctamente el voltaje permite obtener un arco estable, una transferencia metálica adecuada y una calidad óptima del cordón.

3.2. Cebado del arco

El cebado del arco (o encendido del arco) es el mecanismo mediante el cual se inicia la soldadura al cerrar el circuito eléctrico entre el hilo y la pieza. En los equipos MIG/MAG, este cebado suele ser automático y se produce en el momento en que el operario acciona el gatillo de la pistola.

Para facilitar un arranque suave y evitar defectos como la porosidad o la falta de fusión al inicio del cordón, algunos equipos incorporan funciones de ***hot start*** o arranque en caliente, que incrementan brevemente la corriente al inicio. También pueden contar con modos como el **preflujo de gas,** que protege el baño desde antes de que comience el arco, o la **sincronización con el avance de hilo,** que evita impactos bruscos.

IMPORTANTE

Se debe comprobar que el cebado sea limpio, sin chispazos irregulares, y que la transición al régimen de soldeo sea fluida. Un mal cebado puede ser indicio de un mal estado del hilo, de la tobera o de una regulación incorrecta de los parámetros.

APLICACIÓN PRÁCTICA

Samuel ha programado una serie de cordones continuos en posición horizontal sobre chapas de acero de espesor medio. La máquina disponible trabaja con una alimentación trifásica de 400 V y presenta un factor de marcha de 40 % a 220 A. El operario anterior dejó el equipo ajustado a 220 A de intensidad para un trabajo similar.

¿Puede Samuel mantener esa configuración sin riesgo de sobrecalentamiento si trabaja en ciclos de 8 min de marcha y 2 min de reposo? Justifica tu respuesta en función del factor de marcha. Explica también qué solución propondrías en caso de que la configuración actual no sea adecuada.

Solución

No, Samuel no puede mantener esa configuración sin riesgo de sobrecalentamiento. El factor de marcha indica el tiempo máximo que un equipo puede trabajar sin sobrecalentarse en ciclos de 10 min. Un 40 % a 220 A significa que el equipo puede trabajar solo 4 min a esa intensidad y necesita 6 min de reposo para evitar sobrecargas térmicas.

Continúa en página siguiente >>

<< Viene de página anterior

Samuel debe organizar el trabajo en intervalos adecuados: 4 min de soldeo, 6 min de reposo.

4. Componentes: pistola, conexiones a masa, unidad de alimentación del alambre (tipo, componentes)

HILO CONDUCTOR

Samuel, tras ajustar los parámetros eléctricos necesarios, se dispone a revisar todos los componentes del equipo de soldeo antes de iniciar el trabajo. Sabe que un conocimiento detallado de cada parte es esencial para garantizar la seguridad, la eficiencia del proceso y la calidad del resultado final. Cada componente del sistema tiene una función específica que, en conjunto, permite una transferencia metálica estable y un arco controlado.

A continuación, se describen los elementos más importantes de la instalación de soldeo MIG/MAG: la pistola, las conexiones de masa y la unidad de alimentación del alambre. Conocer su funcionamiento y saber identificar posibles fallos en estos componentes es una competencia clave para cualquier profesional del sector.

4.1. Pistola de soldeo

La **pistola** es el elemento que el operario sostiene durante el proceso de soldeo. Su función principal es dirigir el alambre electrodo hacia el punto de unión, a la vez que suministra el gas protector y permite el paso de la corriente eléctrica necesaria para mantener el arco.

Se señalan y se describen sus componentes principales:

- **Boquilla de gas o tobera (1):** canaliza el flujo de gas protector sobre el baño de fusión. Debe mantenerse limpia y sin obstrucciones para evitar turbulencias o contaminación.
- **Difusor de gas (3):** distribuye el gas de forma homogénea antes de llegar a la boquilla.
- **Boquilla de contacto (2):** es la parte por la que se desliza el alambre y transmite la corriente desde el cableado hasta el hilo de aportación.

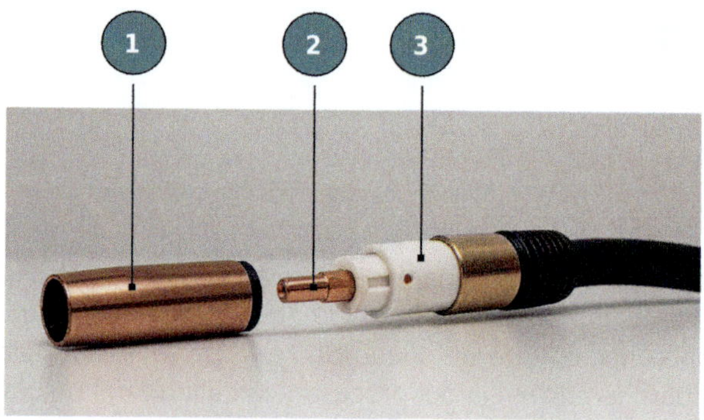

Boquilla de gas, difusor de gas y boquilla de contacto (© Imagen generada por IA)

- **Cuerpo de la pistola y gatillo:** el gatillo activa simultáneamente la alimentación del hilo, el suministro de gas y el encendido del arco. Algunas pistolas permiten la configuración en dos tiempos (2T) o cuatro tiempos (4T), según las preferencias del operario.

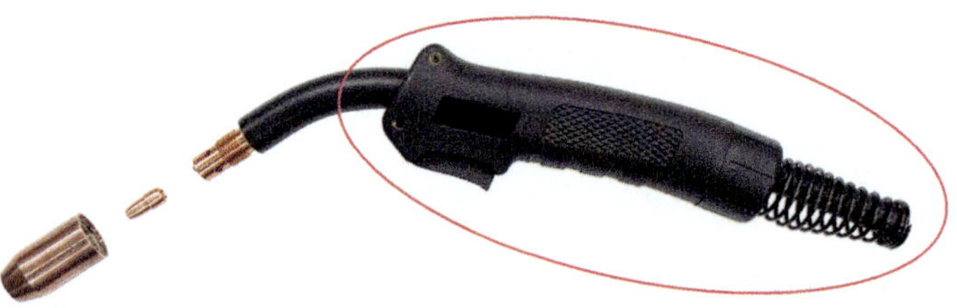

Cuerpo de pistola de soldadura y gatillo

- **Manguera multipolar:** transporta el hilo, el gas, el agua de refrigeración (si procede) y los conductores eléctricos desde la fuente hasta la pistola.

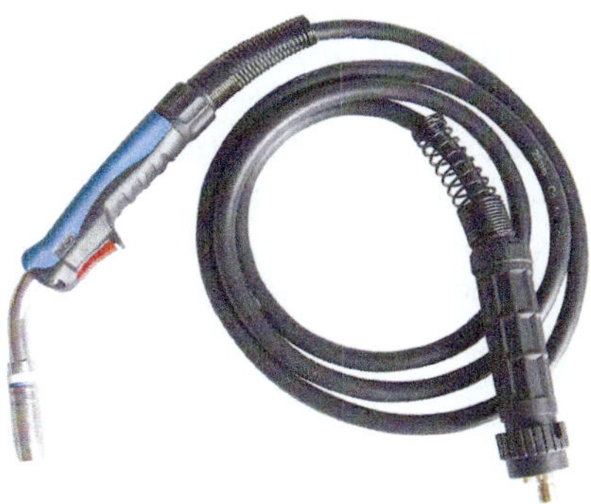

Manguera de soldadura

En procesos de larga duración o en soldeo de materiales gruesos, es habitual utilizar pistolas refrigeradas por agua para evitar sobrecalentamientos.

4.2. Conexiones a masa

La **pinza de masa** cierra el circuito eléctrico entre la fuente de alimentación y la pieza de trabajo. Su correcta colocación y estado influyen directamente en la estabilidad del arco y en la calidad del cordón de soldadura.

Los aspectos importantes que tener en cuenta serían:

- La conexión debe realizarse en una parte metálica limpia, sin pintura, óxido ni grasa.
- El cable de masa debe tener una sección adecuada y estar en buen estado, sin empalmes defectuosos ni zonas deterioradas.
- Una conexión defectuosa puede provocar sobrecalentamientos, arco inestable y salpicaduras.

SABÍAS QUE...

Una simple mala conexión a masa puede ser la causa de fallos que parecen complejos, como interrupciones en el avance del hilo o cortes intermitentes del arco.

4.3. Unidad de alimentación del alambre

El sistema encargado de conducir el hilo continuo desde el compartimento donde se encuentra la bobina —denominado devanadora— hasta el tubo de contacto situado en el extremo de la pistola de soldadura recibe el nombre de unidad de alimentación de hilo.

DEFINICIÓN

Devanadora

Es una parte del equipo de soldeo donde se sitúa la bobina (o carrete) de hilo y los controles que regulan su avance a velocidad constante. Este componente permite separar físicamente la fuente de alimentación del punto de conexión de la pistola.

Devanadora de hilo

Para lograr la fusión completa con la pieza, el electrodo debe desplazarse y ser guiado correctamente a lo largo de las diferentes partes que conforman la unidad de alimentación:

- **Carrete:** es el elemento que aloja el hilo consumible de soldeo. Es imprescindible que la bobina de hilo esté correctamente colocada y gire con suavidad, sin bloqueos. La acumulación de polvo o una mala alineación del alambre pueden causar atascos o pérdidas de arco.
- **Motor de arrastre:** mueve los rodillos que impulsan el hilo. Puede ser de velocidad fija o variable.

- **Rodillos de tracción:** existen en pares (superior e inferior). El tipo de rodillo debe ser compatible con el diámetro y el tipo de hilo (macizo o tubular). Es fundamental que estos elementos estén correctamente regulados, ya que una presión excesiva sobre el hilo puede provocar su deformación, originando aplastamientos, atascos y problemas en el deslizamiento. Por el contrario, si la presión es insuficiente, la alimentación del hilo será deficiente y se generarán variaciones en la velocidad de avance.
- **Guías de entrada y salida:** canalizan el alambre desde la bobina hasta el tubo guía que conduce al interior de la manguera de la pistola.
- **Sistema de ajuste de presión:** permite modificar la fuerza con la que los rodillos aprietan el hilo para prevenir las incidencias anteriormente descritas.
- **Detector de fin de hilo:** algunos equipos incluyen sistemas que detienen la alimentación cuando se agota el alambre, evitando errores o daños.
- **Pantalla de control y potenciómetros:** permiten regular la velocidad de alimentación, sincronizada con el voltaje, especialmente en sistemas sinérgicos.

NOTA

La velocidad de avance del hilo es ajustable dentro de un rango que va desde 0 hasta aproximadamente 25 metros por minuto.

ACTIVIDAD COMPLEMENTARIA

9. Investiga en internet qué tipos de rodillos de alimentación *(drive rolls)* existen y cómo se aplican a materiales como el acero, el aluminio y los alambres tubulares. Explica para cada tipo de rodillo:

    1. Nombre o perfil.
    2. Material del hilo recomendado (macizo, tubular, aluminio...).
    3. Justificación de su uso.

Describe de forma clara y detallada el recorrido completo que realiza el electrodo (hilo continuo) desde que sale de la bobina ubicada en la devanadora hasta llegar al extremo de la pistola de soldadura donde se produce el arco. Explica qué componentes intervienen en este trayecto y qué función cumple cada uno.

TAREA 3

Samuel realiza una serie de cordones con una máquina MIG/MAG recientemente ajustada. A mitad del trabajo, comienza a notar tirones en el hilo, interrupciones en el arco y un sonido irregular en el proceso.

Tras parar el equipo, inspecciona la unidad de alimentación de hilo y encuentra restos metálicos en los rodillos, marcas de presión sobre el alambre, y la bobina presenta cierta resistencia al girar.

Se lo comunica al encargado de taller, que le pide que redacte un informe breve en el que explique:

1. ¿Cuáles son las posibles causas técnicas de los fallos observados?
2. ¿Qué elementos concretos del sistema de alimentación debe revisar o ajustar Samuel?
3. ¿Qué medidas correctoras debe aplicar para restablecer el funcionamiento normal del equipo?
4. ¿Qué acciones preventivas ayudarían a evitar que esto vuelva a ocurrir?

¿Puedes ayudarlo?

5. Resumen

Conocer las características técnicas del equipo de soldeo MIG/MAG es clave para configurar el proceso con precisión y garantizar resultados de calidad. La elección adecuada del tipo de corriente, la interpretación de los símbolos de soldeo y la comprensión de los componentes de la fuente de energía permiten controlar el arco eléctrico de forma estable y segura.

Elementos como el transformador, el rectificador y la inductancia convierten la corriente alterna en continua, lo que favorece una fusión uniforme del hilo de aportación. La respuesta de la fuente frente a variaciones en la intensidad queda reflejada en su curva característica, habitualmente de tensión constante, facilitando un comportamiento predecible del arco en condiciones variables.

El ajuste de parámetros como el voltaje de soldeo, la curva I-V o el factor de marcha tiene un impacto directo en la eficiencia del trabajo. Del mismo modo, un sistema de alimentación de hilo correctamente calibrado —que incluye devanadora, pistola y conexiones— garantiza un suministro continuo, evitando defectos como aplastamientos, atascos o velocidades irregulares.

Dominar el funcionamiento y la configuración del equipo permite optimizar el proceso de soldeo, adaptarlo a diferentes contextos productivos y asegurar uniones metálicas fiables, incluso bajo condiciones industriales exigentes.

Ejercicios de autoevaluación Unidad de Aprendizaje 3

1. ¿Qué parámetro permite conocer cuánto tiempo puede funcionar un equipo de soldeo a una determinada intensidad sin superar su límite térmico?

____

____

2. Determina si la siguiente oración es verdadera o falsa: "El contactor principal es el componente encargado de transformar la corriente alterna en corriente continua".

- Verdadero
- Falso

3. ¿Cuál de los siguientes componentes transfiere la corriente al hilo en el extremo de la antorcha?

a. Rodillos impulsores.
b. Guía de salida.
c. Tubo de contacto.
d. Electrodo base.

4. Completa la siguiente oración:

La ______________ es el componente donde se aloja la bobina de hilo y que suele incluir los mandos de control de velocidad de alimentación.

5. ¿Qué tipo de corriente de soldeo emplean los equipos MIG/MAG?

____

____

6. Relaciona cada elemento con su función en el sistema de alimentación:

a. Rodillos impulsores.
b. Guía de salida.
c. Tubo de contacto.

_ Conduce el hilo desde los rodillos hasta la pistola.
_ Arrastra el hilo desde la bobina hacia la antorcha.
_ Transmite la corriente al hilo para formar el arco.

7. Relaciona cada elemento con su función:

a. Inductancia
b. Contactor
c. Electroválvula

_ Controla el paso de gas de protección
_ Permite suavizar la salida de corriente
_ Activa el circuito principal de soldadura

8. Determina si la siguiente oración es verdadera o falsa: "La longitud libre del hilo es la distancia entre la bobina y el contacto de la pinza de masa".

- Verdadero
- Falso

9. ¿Qué ocurre si los rodillos impulsores ejercen una presión demasiado baja sobre el hilo?

____

____

10. ¿Qué característica tiene una curva de tensión constante típica de las fuentes de soldeo MIG/MAG?

a. Aumenta la tensión cuando aumenta la intensidad.
b. Mantiene la tensión fija, aunque varíe la intensidad.
c. Aumenta la corriente cuando disminuye el voltaje.
d. Mantiene el voltaje solo en corriente alterna.

Unidad de aprendizaje 4

Mantenimiento de los equipos

Contenido

1. Introducción
2. Control de voltaje y corriente: instrumentos, validación
3. Cables, dispositivos para masas y pistola, bornes de conexión, enchufes
4. Protección eléctrica: fusibles
5. Limpieza: sistema de ventilación y componentes, sistema de alimentación (guía, rodillos, boquilla)
6. Resumen

Objetivos

Los objetivos específicos de esta Unidad de Aprendizaje son:

→ Identificar los instrumentos necesarios para la comprobación del voltaje y la corriente durante el soldeo, así como interpretar correctamente las lecturas obtenidas.

→ Aplicar procedimientos básicos de validación y verificación de los parámetros eléctricos del equipo, garantizando su correcto funcionamiento.

→ Reconocer el estado y la disposición correcta de los cables, la pistola, los dispositivos de masa, los bornes y los enchufes, así como los sistemas de protección eléctrica (fusibles).

→ Realizar tareas de limpieza y mantenimiento del sistema de ventilación y del sistema de alimentación de hilo, aplicando medidas preventivas que eviten averías.

→ Valorar la importancia del mantenimiento como parte integral del proceso de trabajo en soldadura, mejorando la seguridad, la productividad y la vida útil del equipo.

1. Introducción

En muchas ocasiones, la calidad de una soldadura no depende únicamente de la destreza del operario ni de la correcta elección de parámetros, sino también del **estado del equipo de soldeo.** Los componentes sucios, los cables deteriorados, las pistolas con conexiones inestables o una ventilación deficiente pueden provocar interrupciones en el proceso, defectos en el cordón o incluso riesgos de seguridad para el operario.

El mantenimiento básico y periódico de la máquina de soldar no debe entenderse como una tarea secundaria, sino como una **fase esencial dentro del procedimiento global de soldeo.** El descuido de los sistemas eléctricos, la acumulación de residuos metálicos o el deterioro de los sistemas de alimentación pueden derivar en fallos críticos o en reparaciones costosas.

Por ello, esta unidad se centra en el conocimiento y la aplicación de procedimientos de **verificación eléctrica, revisión de componentes, limpieza de sistemas internos y sustitución de elementos de protección,** con el fin de **garantizar el correcto funcionamiento, la seguridad y la vida útil del equipo de soldadura.**

Samuel, antes de comenzar con la preparación de los cordones de raíz en los tubos de acero inoxidable, percibe que el ventilador del equipo no funciona con normalidad y que el hilo avanza con cierta dificultad. En lugar de continuar sin más, decide contactar con el equipo de mantenimiento del taller para que revisen la máquina.

2. Control de voltaje y corriente: instrumentos, validación

HILO CONDUCTOR

Antes de autorizar el uso del equipo, el responsable de mantenimiento le indica a Samuel que debe comprobar si los parámetros eléctricos del generador de soldadura se corresponden con los valores reales durante la operación. Para ello, es necesario utilizar los instrumentos adecuados y aplicar procedimientos de validación que aseguren un funcionamiento correcto y seguro.

A continuación, se presentan los principales **instrumentos de medida eléctrica** que permiten controlar la tensión y la intensidad del arco de soldadura, así como los **procedimientos de validación** que deben seguirse para garantizar que el equipo opera dentro de los parámetros establecidos. Este tipo de comprobaciones son esenciales para prevenir fallos eléctricos y mantener una calidad constante en la unión soldada.

2.1. Instrumentos

En los equipos de soldeo por arco bajo gas protector con electrodo consumible (procesos MIG/MAG), los dos parámetros eléctricos fundamentales son la **tensión de arco (voltaje)** y la **intensidad de corriente (amperaje).** Estos valores determinan la estabilidad del arco, la forma del cordón y la penetración de la soldadura.

Para su control, se emplean habitualmente los siguientes instrumentos:

Voltímetro
- Permite medir la diferencia de potencial entre el electrodo y la pieza durante el soldeo. Algunos equipos lo incorporan en el panel de control, mientras que otros requieren el uso de un voltímetro externo conectado a la salida de corriente.

Amperímetro
- Mide la corriente que circula a través del circuito de soldadura. Al igual que el voltímetro, puede ser interno o externo.

Multímetro digital
- Combina ambas funciones (voltímetro y amperímetro) y permite, además, comprobar el estado de componentes como fusibles, cables o conexiones.

Pinza amperimétrica
- Útil para realizar mediciones sin interrumpir el circuito, simplemente abrazando el cable conductor.

El uso de estos instrumentos debe hacerse siguiendo las instrucciones del fabricante y siempre con el equipo desenergizado, salvo en el caso de las pinzas de lectura en carga.

Pinza amperimétrica

2.2. Validación

Una vez conectados los instrumentos de medida, se procede a la **verificación de los valores reales de voltaje e intensidad.** Esta comprobación tiene como objetivo:

- Confirmar que los ajustes realizados desde el panel de control se reflejan correctamente en el proceso.
- Detectar posibles desviaciones debidas al desgaste de componentes, malas conexiones o fallos internos del equipo.
- Garantizar que los parámetros eléctricos se encuentran dentro del rango adecuado para el tipo de material, el espesor y la posición de soldeo previstos.

Durante el proceso de validación, también puede evaluarse la **estabilidad del arco** mediante la observación directa del cordón y la respuesta del equipo ante pequeñas variaciones en la velocidad de hilo o la distancia de la pistola.

Un control periódico de estos parámetros no solo permite mejorar la calidad de la soldadura, sino también anticipar averías, prevenir defectos como la falta de penetración o la proyección excesiva, y prolongar la vida útil del equipo.

3. Cables, dispositivos para masas y pistola, bornes de conexión, enchufes

HILO CONDUCTOR

Tras comprobar que los valores de voltaje e intensidad se mantienen estables, Samuel se dispone a iniciar la preparación del cordón de raíz. No obstante, el técnico del taller le recuerda que aún queda una comprobación esencial: el estado de los elementos que garantizan la transmisión eléctrica segura desde el generador hasta el punto de soldeo.

Es de vital importancia la revisión visual y funcional de los principales componentes del circuito eléctrico externo: cables, conexiones, masa, pistola, bornes y enchufes. Estos elementos son clave para el funcionamiento correcto del equipo y su deterioro puede provocar fallos intermitentes, calentamientos o incluso accidentes.

3.1. Cables conductores

Los cables de alimentación y masa deben tener una **sección adecuada** para la intensidad máxima de trabajo, y estar diseñados para usos mecánicos intensivos. Su mantenimiento incluye:

Inspección periódica del aislamiento externo
- Buscando cortes, grietas o zonas quemadas.

Comprobación de la flexibilidad del cable
- Si se detecta rigidez, puede estar deteriorado internamente y requerir sustitución.

Revisión de terminales
- Deben estar firmemente crimpados, sin oxidación, y con buen contacto en los bornes.

Limpieza con paño seco o pincel de cerdas suaves
- Para eliminar polvo metálico o restos de proyecciones.

NOTA

En caso de daños visibles, el cable debe ser reparado o sustituido inmediatamente. Nunca deben utilizarse cintas aislantes como solución permanente.

3.2. Dispositivo de masa

El sistema de masa es vital para cerrar correctamente el circuito de soldadura. Su mantenimiento asegura un arco estable y previene defectos como cortes en la penetración o calentamiento irregular de la pieza.

Su mantenimiento recomendado abarca:

- **Limpieza de las mordazas de la pinza,** eliminando restos de óxido, pintura o escoria.
- **Verificación de la presión de apriete,** que debe ser firme, pero sin deformar la pieza.
- **Revisión del cable de masa,** aplicando los mismos criterios que para los cables conductores.
- **Ajuste del terminal** de conexión al generador, asegurando que no haya holgura.

Una pinza de masa en mal estado debe sustituirse de inmediato. Nunca se debe prolongar la vida útil mediante soldaduras o sujeciones improvisadas.

Pinza de masa

3.3. Pistola de soldadura

La pistola es el componente más expuesto al calor, a las proyecciones y al movimiento. Su buen estado influye directamente en la **estabilidad del arco y en la calidad del cordón.**

Se deben realizar en ella las siguientes tareas de mantenimiento:

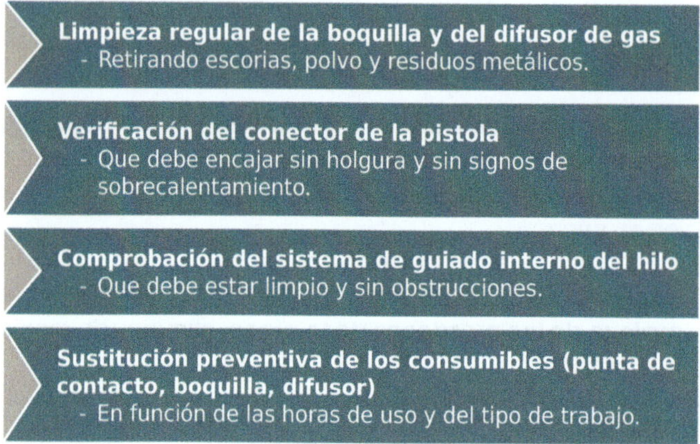

3.4. Bornes de conexión

Los bornes situados en el panel del generador deben mantenerse limpios y firmes. La acumulación de polvo, humedad o proyecciones metálicas puede generar **falsos contactos o sobrecalentamientos.**

Su mantenimiento recomendado incluye:

- Revisión del apriete con la herramienta adecuada, sin forzar el paso de rosca.
- Limpieza con un pincel seco o aire comprimido, evitando productos húmedos o agresivos.
- Aplicación puntual de vaselina técnica o grasa conductora, si así lo indica el fabricante, para evitar oxidación.

IMPORTANTE

Nunca se deben usar para su limpieza papel de lija o limas metálicas, ya que pueden dañar el baño protector del borne.

3.5. Enchufes y tomas de corriente

Una conexión deficiente a la red eléctrica puede provocar **cortes, recalentamientos o picos de tensión.** Por ello, el sistema de alimentación eléctrica también requiere mantenimiento:

- **Revisión visual de enchufes y clavijas,** descartando signos de fusión, quemaduras o deformaciones.
- **Comprobación del ajuste firme** en la toma de corriente.
- **Control de la instalación eléctrica del taller,** verificando que dispone de protección diferencial, toma de tierra y una sección de cableado acorde con la potencia del equipo.
- **Limpieza del polvo y residuos,** especialmente en tomas con entrada lateral o en zonas de tránsito.

En caso de detectar signos de deterioro eléctrico, el equipo debe **desconectarse inmediatamente.**

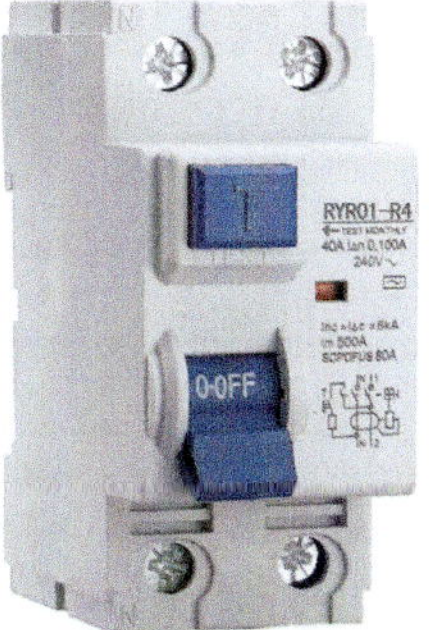

Diferencial automático

APLICACIÓN PRÁCTICA

A continuación, se muestra un registro de mantenimiento del cableado de una máquina de soldadura MIG.

El operario que lo ha cumplimentado ha cometido varios errores en la descripción de las acciones.

Revisa la tabla, identifica los errores y corrígelos indicando el procedimiento correcto.

Elemento revisado	Observación registrada	Acción realizada (según operario)
Cable de masa	Aislante exterior con corte superficial	Se ha dejado sin reparar porque la máquina sigue funcionando
Cable de pistola	Conector flojo	No se ha hecho nada para evitar dañar la rosca
Conexión a masa	Superficie de contacto oxidada	Se ha soplado con aire comprimido
Cable de alimentación	Clavija con patillas dobladas	Se ha enderezado con alicates sin desconectar la máquina

Solución

Se expone la corrección de las acciones:

Elemento revisado	Procedimiento correcto	Acción realizada (según operario)
Cable de masa	Sustituir o reparar el tramo afectado de inmediato para evitar riesgo eléctrico o sobrecalentamiento, siguiendo las medidas de seguridad y desconectando el equipo antes de intervenir.	Se ha dejado sin reparar porque la máquina sigue funcionando

Continúa en página siguiente >>

<< Viene de página anterior

Elemento revisado	Procedimiento correcto	Acción realizada (según operario)
Cable de pistola	Apretar firmemente el conector utilizando las herramientas adecuadas, garantizando un contacto eléctrico estable y seguro.	No se ha hecho nada para evitar dañar la rosca
Conexión a masa	Limpiar la superficie de contacto eliminando la oxidación mediante cepillo metálico o lija fina, asegurando una unión firme y sin impurezas.	Se ha soplado con aire comprimido
Cable de alimentación	Desconectar completamente la máquina antes de manipular. Sustituir la clavija dañada por una en buen estado; no forzar ni enderezar las patillas deformadas.	Se ha enderezado con alicates sin desconectar la máquina

4. Protección eléctrica: fusibles

HILO CONDUCTOR

Cuando el equipo de mantenimiento termina de revisar los cables y las conexiones, Samuel observa que uno de los técnicos extrae un componente cilíndrico del panel trasero del generador. Se trata de un fusible fundido, cuya sustitución es necesaria antes de volver a conectar el equipo. Esta acción sencilla, pero crítica, evita una posible avería mayor y demuestra la importancia de mantener el sistema de protección eléctrica en condiciones óptimas.

Los **fusibles son elementos de seguridad eléctrica** dentro del equipo de soldeo. Aunque muchas veces pasan desapercibidos, los fusibles son los responsables de **proteger el circuito interno del equipo ante sobrecargas, cortocircuitos o fallos eléctricos,** actuando como primera línea de defensa.

4.1. Función del fusible

Un fusible es un dispositivo de protección que **interrumpe automáticamente el paso de la corriente** cuando esta supera un valor determinado durante un tiempo suficiente como para poner en riesgo el equipo. Está formado por un filamento metálico calibrado que se funde al sobrepasar el límite admisible.

Su función principal es:

- Evitar **daños en los componentes internos** del generador de soldadura.
- Proteger al usuario frente a **fallos eléctricos peligrosos.**
- **Reducir el riesgo de incendios** causados por recalentamientos o derivaciones.

Fusible de recambio (© Imagen generada por IA)

4.2. Ubicación y tipos

En los equipos de soldeo MIG/MAG, los fusibles suelen encontrarse en una o varias de las siguientes ubicaciones:

- **Panel trasero del generador,** accesibles mediante una tapa o compartimento específico.
- **Placa electrónica interna,** en cuyo caso solo deben ser manipulados por personal cualificado.
- **Enchufe de alimentación o portafusibles externo,** especialmente en modelos portátiles o de baja potencia.

Los tipos más habituales son:

Fusibles de vidrio o cerámica
- Para corrientes bajas, de acción rápida o retardada.

Fusibles cilíndricos industriales (gG, aM)
- Para intensidades elevadas, con capacidades de corte altas.

Fusibles electrónicos (tipo SMD o miniatura)
- Montados en placas, muy sensibles y no sustituibles por el usuario.

NOTA

Es fundamental respetar las indicaciones del fabricante respecto al tipo, el calibre y las características del fusible que utilizar.

ACTIVIDAD COMPLEMENTARIA

10. Localiza imágenes reales o diagramas de un fusible industrial tipo gG y otro tipo aM empleados en máquinas de soldar.

4.3. Mantenimiento y sustitución

Aunque los fusibles no requieren mantenimiento directo, sí deben ser objeto de **revisión periódica** como parte del mantenimiento preventivo general del equipo. El procedimiento incluye:

Inspección visual del portafusibles
- Comprobando que no haya signos de sobrecalentamiento, decoloración o partes deformadas.

Continúa en página siguiente >>

<< Viene de página anterior

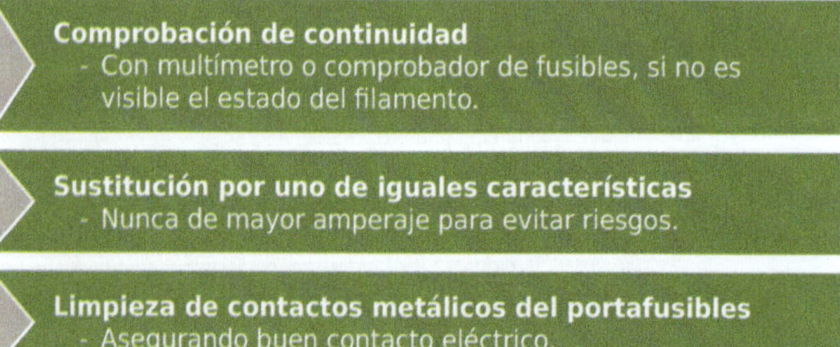

Ante la fundición recurrente de un fusible, no debe sustituirse repetidamente sin más. Es imprescindible:

- Comprobar si existe un **problema aguas abajo** (corto en cables, fallo en placas, motor del hilo bloqueado...).
- Solicitar una **inspección técnica** del equipo si no se detectan causas evidentes.

IMPORTANTE

Nunca se deben improvisar reparaciones en fusibles (como envolverlos con papel metálico), ya que esto anula su función de protección y pone en riesgo tanto al operario como al equipo.

ACTIVIDAD COMPLEMENTARIA

11. Investiga las recomendaciones de mantenimiento preventivo publicadas por el fabricante de un equipo de soldadura MIG/MAG de uso industrial.

5. Limpieza: sistema de ventilación y componentes, sistema de alimentación (guía, rodillos, boquilla)

HILO CONDUCTOR

Antes de volver a montar el equipo, Samuel observa cómo el técnico abre las rejillas de ventilación del generador y extrae una gran cantidad de polvo metálico acumulado. El técnico le explica que, aunque el equipo funcione bien eléctricamente, si el sistema de ventilación o el de alimentación del hilo están sucios, el rendimiento y la vida útil de la máquina se verán seriamente comprometidos.

La **limpieza preventiva** es fundamental dentro del proceso de soldadura MIG/MAG. Esta limpieza se centrará en dos ubicaciones:

- El **sistema de ventilación y sus componentes** (fundamental para evitar sobrecalentamientos).
- El **sistema de alimentación del hilo** (guía, rodillos y boquilla), clave para mantener la estabilidad del arco y la calidad del cordón.

5.1. Limpieza del sistema de ventilación y sus componentes

El sistema de ventilación es el encargado de mantener la temperatura de trabajo del equipo dentro de los límites seguros. La acumulación de polvo, virutas metálicas o suciedad en las rejillas, los ventiladores y los conductos de aire provoca:

- Sobrecalentamientos del generador.
- Disminución de la potencia de salida.
- Activación prematura de protecciones térmicas.

Es recomendable revisar y limpiar el equipo de soldeo cada 150 horas de trabajo o antes si el equipo trabaja en entornos con mucho polvo o proyecciones. A continuación, se exponen los pasos que se deben seguir en el procedimiento de limpieza:

- Desconectar el equipo de la red eléctrica.
- Abrir las rejillas o tapas de ventilación siguiendo las indicaciones del fabricante.
- Usar aire comprimido a baja presión (máx. 2 bares) para expulsar polvo y partículas, evitando dirigir el aire hacia las placas electrónicas a corta distancia.
- Comprobar el estado de los ventiladores, asegurando que giran libremente y sin ruidos anormales.
- Limpiar con un paño seco las zonas de acumulación de polvo que no se puedan soplar.

IMPORTANTE

No se deben utilizar líquidos ni disolventes en la limpieza del sistema de ventilación.

5.2. Limpieza del sistema de alimentación del hilo

El sistema de alimentación del hilo es uno de los más sensibles del equipo. Un pequeño resto de escoria, viruta o grasa puede provocar atascos, variaciones en la velocidad de avance o un arco inestable. A continuación, se exponen las distintas partes que es importante tener en cuenta a la hora de realizar la limpieza del sistema de alimentación.

Guía del hilo

La guía es el conducto interno por el que circula el hilo desde el rodillo de arrastre hasta la punta de contacto de la pistola.

Para el **procedimiento de limpieza** se deben seguir los siguientes pasos:

- Retirar la guía siguiendo las instrucciones del fabricante.
- Limpiar con aire comprimido o un alambre fino envuelto en un paño seco.
- Sustituirla si presenta desgaste, deformaciones o residuos persistentes.

NOTA

Se debe evitar el uso de hilos oxidados o sucios que puedan dejar partículas en el interior de la guía.

Rodillos de arrastre

Los rodillos transmiten el movimiento al hilo mediante presión y fricción.

Para el **procedimiento de limpieza** se deben seguir los siguientes pasos:

- Retirar el hilo antes de limpiar.
- Usar un cepillo de cerdas de latón o un paño seco para eliminar partículas metálicas y polvo.
- Comprobar que las ranuras no presentan desgaste excesivo.

SABÍAS QUE...

La presión del rodillo debe ser la mínima y necesaria para arrastrar el hilo sin deslizamientos, evitando deformaciones.

Boquilla

La boquilla guía el gas protector hacia el baño de fusión y protege la punta de contacto.

Para el **procedimiento de limpieza** se siguen los siguientes pasos:

- Retirar la boquilla y eliminar las proyecciones con un cepillo metálico suave o un producto específico antiadherente para boquillas.
- Comprobar que no hay deformaciones ni obstrucciones.

TAREA 4

Durante su turno, Samuel observa que en el equipo de soldadura el hilo avanza de forma intermitente y que el ventilador de su equipo suena con más esfuerzo de lo habitual. ¿Qué sería recomendable que hiciera Samuel antes de continuar soldando?

6. Resumen

El mantenimiento de los equipos de soldeo MIG/MAG es esencial para garantizar un funcionamiento seguro, estable y duradero. La comprobación periódica del voltaje y la corriente mediante instrumentos como voltímetros, amperímetros, multímetros o pinzas amperimétricas permite validar que los parámetros eléctricos se mantienen dentro de los valores previstos, evitando fallos y asegurando la calidad del arco.

La inspección y el cuidado de los cables conductores, el dispositivo de masa, la pistola de soldadura, los bornes y los enchufes previenen pérdidas de continuidad, sobrecalentamientos y defectos en la soldadura. Unas conexiones limpias, firmes y libres de corrosión aseguran la transmisión óptima de la energía desde la fuente hasta el punto de trabajo.

El sistema de protección eléctrica, representado principalmente por los fusibles, actúa como barrera ante sobrecargas y cortocircuitos. Su correcta selección, revisión y sustitución conforme a las especificaciones del fabricante evitan daños internos y riesgos para el operario.

Asimismo, la limpieza de los sistemas de ventilación y de alimentación del hilo —incluyendo guía, rodillos y boquilla— evita sobrecalentamientos, atascos y variaciones en la velocidad de avance, factores que afectan directamente a la estabilidad del arco y a la homogeneidad del cordón.

Dominar las técnicas de verificación, mantenimiento y limpieza de cada componente no solo prolonga la vida útil del equipo, sino que también optimiza el rendimiento del proceso de soldeo y minimiza los tiempos de inactividad por averías, garantizando un trabajo seguro y de alta calidad en cualquier entorno productivo.

Ejercicios de autoevaluación Unidad de Aprendizaje 4

1. ¿Qué instrumento se utiliza para medir la tensión de salida en un equipo de soldeo?

____

____

2. Determina si la siguiente oración es verdadera o falsa: "Los fusibles en los equipos de soldeo sirven únicamente para regular la tensión de salida".

- Verdadero
- Falso

3. ¿Cuál de los siguientes componentes se encarga de fijar el cable de masa a la pieza de trabajo?

a. Pinza portaelectrodo.
b. Pinza de masa.
c. Pistola de soldadura.
d. Rodillos impulsores.

4. Completa la siguiente oración:

La ____________________ debe limpiarse periódicamente para evitar obstrucciones en el flujo de gas protector.

5. ¿Cuál es la función principal del sistema de ventilación en un equipo de soldeo?

____

____

6. Relaciona cada elemento con su función de mantenimiento:

a. Pistola de soldadura.
b. Cables de conexión.
c. Rodillos de arrastre.

_ Revisar el aislamiento y las conexiones.
_ Limpiar y comprobar el estado de la boquilla y el tubo de contacto.
_ Limpiar las ranuras y ajustar la presión de apriete.

7. Determina si la siguiente oración es verdadera o falsa: "Un cable de masa deteriorado puede provocar inestabilidad en el arco y defectos en el cordón de soldadura".

- Verdadero
- Falso

8. ¿Qué se debe hacer antes de sustituir un fusible quemado en el equipo de soldeo?

____
____

9. ¿Qué elemento del sistema de alimentación guía el hilo desde la bobina hasta la entrada de la pistola?

a. Tubo de contacto.
b. Guía de entrada.
c. Rodillos impulsores.
d. Electroválvula.

10. ¿Por qué es importante limpiar periódicamente el sistema de ventilación del equipo?

____
____

Unidad de aprendizaje 5

Electrodos consumibles o materiales de aporte

Contenido

1. Introducción
2. Características y propiedades de los diferentes tipos de bobinas de hilo de aceros débilmente aleados, aceros aleados, inoxidables, y su recubrimiento: composición, parámetros de uso, rendimiento, características del arco y características operatorias, entre otras
3. Clasificación y designación según la AWS (American Welding Society) y la normalización europea EN (European Normalization)
4. Normas de uso y conservación: precauciones específicas, manipulación, transporte, almacenamiento y tratamiento, entre otros
5. Resumen

Objetivos

Los objetivos específicos de esta Unidad de Aprendizaje son:

→ Describir las características y las propiedades de los distintos tipos de bobinas de hilo utilizadas en soldadura MIG y MAG para aceros débilmente aleados, aceros aleados y aceros inoxidables.

→ Reconocer los diferentes tipos de recubrimiento y su influencia en la calidad del arco y en las propiedades mecánicas del cordón.

→ Interpretar la clasificación y la designación de materiales de aporte según las normas AWS y EN, estableciendo equivalencias y usos recomendados.

→ Aplicar normas y procedimientos para la manipulación, el transporte, el almacenamiento y la conservación de las bobinas de hilo, evitando la contaminación y el deterioro del material.

→ Seleccionar el material de aporte más adecuado en función del tipo de material base, la posición de soldadura y los requerimientos de la unión.

1. Introducción

En soldadura, la calidad final de una unión no depende únicamente de la destreza del operario o de la correcta regulación de parámetros como la tensión o la velocidad de avance. Un factor decisivo es la elección del material de aporte. La composición química del hilo, su estado superficial, su tipo de recubrimiento y las condiciones en las que ha sido almacenado pueden marcar la diferencia entre un cordón resistente y uniforme, o una unión con defectos internos y externos.

Utilizar un hilo inadecuado para el tipo de material base, o en malas condiciones de conservación, puede provocar problemas como falta de fusión, porosidad, inclusiones o incluso fallos estructurales a largo plazo. Por ello, conocer las propiedades y las clasificaciones de las bobinas de hilo, así como las normas para su manipulación y su conservación, es un aspecto fundamental en el trabajo del soldador profesional.

En esta unidad estudiaremos los distintos tipos de materiales de aporte utilizados en soldadura MIG y MAG para aceros débilmente aleados, aceros aleados y aceros inoxidables; sus características y sus parámetros de uso; su clasificación según las normas internacionales, y las precauciones necesarias para mantenerlos en perfecto estado operativo.

Samuel, durante una práctica en el taller, estaba a punto de comenzar la soldadura de unas chapas de acero inoxidable cuando observó que la bobina que tenía instalada presentaba zonas opacas y con pequeñas manchas de óxido. Recordando las recomendaciones del supervisor de soldadura, detuvo el trabajo y buscó una bobina en perfecto estado, entendiendo que incluso el mejor ajuste de la máquina no compensaría las deficiencias de un material de aporte deteriorado.

2. Características y propiedades de los diferentes tipos de bobinas de hilo de aceros débilmente aleados, aceros aleados, inoxidables, y su recubrimiento: composición, parámetros de uso, rendimiento, características del arco y características operatorias, entre otras

HILO CONDUCTOR

Samuel llegó temprano al taller y encontró, sobre la mesa de trabajo, tres bobinas distintas cuidadosamente etiquetadas. El supervisor de soldadura lo estaba esperando y le indicó que no basta con saber que es hilo para soldar. Cada bobina tiene su propia personalidad: su composición, cómo se comporta en el arco, el rendimiento y las precauciones que se deben tener. A partir de este punto, Samuel comenzó a comprender que la elección del material de aporte no es una cuestión secundaria, sino un factor determinante para obtener uniones de calidad y evitar defectos.

La elección del tipo de bobina de hilo es un factor determinante para garantizar la calidad y las propiedades mecánicas de una unión soldada. Cada tipo de material de aporte presenta una composición química específica, unos parámetros de uso recomendados, un comportamiento particular del arco, un rendimiento distinto y unas características operatorias que condicionan su manejo. Además, los recubrimientos aplicados al hilo cumplen funciones clave para mejorar la conductividad, proteger contra la corrosión y optimizar el avance durante la soldadura.

A continuación, se analizan en detalle los tipos más habituales de bobinas de hilo en procesos MIG/MAG: aceros débilmente aleados, aceros aleados y aceros inoxidables, junto con los diferentes recubrimientos que pueden incorporar.

2.1. Bobinas de acero débilmente aleado

Este tipo de hilo es el más utilizado en aplicaciones generales de soldadura debido a su versatilidad, su facilidad de manejo y la buena relación calidad-precio. Está diseñado para trabajar con aceros de bajo contenido en elementos aleantes, manteniendo un equilibrio entre resistencia mecánica y facilidad de soldado. Estas son sus características:

Aspecto	Descripción
Composición	Bajo contenido en aleantes (<2 % total). Manganeso (Mn) y silicio (Si) como principales adiciones.
Parámetros de uso	Diámetros: 0,8-1,2 mm. Gas protector: CO_2 o mezclas Ar + CO_2 (80/20 o 90/10). Amplio rango de regulación.
Rendimiento	Alta tasa de deposición y buena penetración. Adecuado para producción continua.
Características del arco	Estable, encendido rápido y baja proyección si se ajusta correctamente.
Características operatorias	Fácil manejo, tolerante a variaciones de parámetros. Ideal para formación y trabajos generales.
Aplicaciones típicas	Estructuras metálicas generales, carpintería metálica, elementos de construcción ligera.
Observaciones prácticas	Sensibles a la contaminación superficial de la chapa, requieren limpieza previa para evitar porosidad.

2.2. Bobinas de acero aleado

Pensadas para uniones sometidas a altas exigencias mecánicas o condiciones extremas de temperatura y corrosión. Incorporan elementos aleantes que mejoran las propiedades específicas, pero requieren mayor control durante la soldadura. Sus características se recogen a continuación:

Aspecto	Descripción
Composición	Contenido elevado de Cr, Mo, Ni o V. Cada aleante aporta resistencia mecánica, térmica o química.

Continúa en página siguiente >>

<< *Viene de página anterior*

Aspecto	Descripción
Parámetros de uso	Ajuste preciso de la energía. Gases protectores según su composición y su espesor. Posible precalentamiento y tratamientos térmicos posteriores.
Rendimiento	Cordones con propiedades mecánicas superiores y alta durabilidad en servicio.
Características del arco	Sensible a variaciones de regulación. Riesgo de proyección si el ajuste no es exacto.
Características operatorias	Exige soldadores experimentados. Preparación y limpieza rigurosa de las superficies.
Aplicaciones típicas	Calderería, recipientes a presión, industria petroquímica, componentes sometidos a altas temperaturas.
Observaciones prácticas	Requieren control de hidrógeno para evitar grietas. Pueden necesitar precalentamiento o poscalentamiento.

2.3. Bobinas de acero inoxidable

Especialmente diseñadas para aceros inoxidables, donde la resistencia a la corrosión, la limpieza y la estética del cordón son prioritarias.

Aspecto	Descripción
Composición	Cromo ≥10,5 %, con níquel y, en algunos casos, molibdeno. Tipos: austeníticos (serie 300), ferríticos (serie 400) y dúplex.
Parámetros de uso	Gas: Ar puro o Ar + O_2 (1-2 %). Control del aporte térmico para evitar deformaciones. Diámetros 0,8 1,2 mm.
Rendimiento	Alta resistencia a la oxidación y la corrosión. Acabado estético de alta calidad.
Características del arco	Suave, estable y con baja proyección si se regula correctamente.
Características operatorias	Requiere limpieza extrema para evitar la contaminación. Uso frecuente en entornos con altas exigencias higiénicas y químicas.

Continúa en página siguiente >>

<< Viene de página anterior

Aspecto	Descripción
Aplicaciones típicas	Industria alimentaria, farmacéutica, química, naval y arquitectónica.
Observaciones prácticas	Muy sensibles a la contaminación con partículas de hierro o herramientas inadecuadas. Se recomienda siempre limpiar con paños y disolventes neutros.

ACTIVIDAD COMPLEMENTARIA

12. Busca en internet fotos de soldaduras en estructuras de acero inoxidable y del hilo usado en su soldadura.

2.4. Recubrimiento de los hilos

El recubrimiento superficial de las bobinas mejora su rendimiento y su vida útil, facilitando el proceso de soldadura y evitando problemas de alimentación o defectos en el cordón. A continuación, se reflejan las funciones que ejercen los distintos tipos de recubrimientos de los hilos.

Tipo de recubrimiento	Función principal
Cobreado	Mejora la conductividad eléctrica, protege contra la corrosión y facilita el avance del hilo.
Lubricantes especiales	Reducen la fricción y el desgaste en la pistola y la guía de alimentación.
Tratamientos antioxidantes	Evitan la formación de óxido durante el almacenamiento prolongado.

TAREA 5

En una producción de soldadura MAG con hilo ER70S-6 de 1,2 mm, se ha consumido una bobina de 15 kg en un turno de 8 horas.

1. Calcula el consumo medio de hilo por hora (en kg/h).
2. Estima cuántas bobinas serían necesarias para una jornada semanal de 40 horas manteniendo el mismo ritmo de trabajo.

3. Clasificación y designación según la AWS (American Welding Society) y la normalización europea EN (European Normalization)

HILO CONDUCTOR

Samuel estaba revisando las bobinas de hilo en el almacén cuando vio que en la etiqueta no solo aparecía el nombre del fabricante, sino también una serie de letras y números: ER70S-6, G 42 4 M G3Si1, ER308LSi... Confundido, le preguntó al supervisor sobre ellos, y este le indicó que eran las designaciones normalizadas que indican exactamente qué material de aporte tenemos delante. De este modo, Samuel comprendió que las normas AWS y EN no eran simples formalidades, sino herramientas esenciales para elegir el hilo correcto y garantizar la calidad de la soldadura.

La identificación correcta de un material de aporte es esencial para garantizar que su composición, sus propiedades mecánicas y las condiciones de uso son las adecuadas para el trabajo que se va a realizar. En soldadura MIG/MAG, los códigos de clasificación normalizados permiten al operario conocer de un vistazo la resistencia, la composición química, el tipo de hilo y el gas protector recomendado.

En este apartado se analizan los dos sistemas más utilizados a nivel internacional: el AWS (American Welding Society), de uso muy extendido en el ámbito global, y el EN (European Normalization), empleado en el marco normativo europeo. También se presentan las equivalencias más comunes entre ambos.

3.1. Sistema AWS (American Welding Society)

En la designación AWS para hilos sólidos y tubulares, cada letra y número tiene un significado específico. El formato básico para hilos sólidos de acero al carbono y baja aleación es **ERxxS-y,** mientras que para aceros inoxidables es **ERxxx** y para hilos tubulares, **ETxx-x.** La clave está en conocer las opciones que pueden aparecer en cada posición.

A continuación, se expone el significado de las designaciones de los distintos tipos de hilo.

Estructura general para hilos sólidos al carbono y baja aleación ERxxS-y Norma AWS A5.18

Símbolo	Significado	Opciones principales
E	Electrodo	Siempre presente para hilos/electrodos
R	Varilla o hilo *(rod)*	Indica que también puede usarse como varilla TIG
xx	Resistencia mínima a la tracción en ksi	60, 70, 80, 90 (ej.: 70 → 70 ksi ≈ 490 MPa)
S	Hilo sólido *(solid)*	Letra S fija para hilos sólidos
-y	Composición química y nivel de desoxidantes	2, 3, 4, 6... (6 = mayor nivel de Si y Mn)

Código **ER70S-6:** electrodo/varilla sólido con resistencia mínima de 70 ksi (≈490 MPa) y alto contenido de desoxidantes (Si y Mn), ideal para aceros al carbono y baja aleación en condiciones con óxido superficial moderado.

Estructura general para hilos de acero inoxidable ERxxx(L)(Si) Norma AWS A5.9

Símbolo	Significado	Opciones principales
ER	Electrodo/varilla	Igual que en hilos al carbono
xxx	Tipo de acero inoxidable según AISI	308, 309, 316, 347, etc.
L	Bajo carbono *(low carbon)*	Reduce el riesgo de corrosión intergranular
Si	Adición de silicio	Mejora la fluidez y el acabado superficial

Código **ER308LSi:** hilo sólido inoxidable austenítico tipo 308, bajo carbono y con adición de silicio, recomendado para soldar aceros inoxidables tipo 304L con alta calidad estética.

Estructura general para hilos tubulares (Flux-Cored)
Formato: ETxx-x Norma AWS A5.20 y A5.22

Símbolo	Significado	Opciones principales
E	Electrodo	Igual que en hilos sólidos
T	Tubular *(tubular)*	Hilo con núcleo de fundente
xx	Resistencia mínima a la tracción (ksi)	70, 80, 90, 110...
-x	Clasificación según posición y gas	T-1: todas las posiciones con gas; T 4: sin gas, plana/ horizontal

Código **E71T-1:** hilo tubular con resistencia mínima de 71 ksi, apto para todas las posiciones y uso con gas protector.

ACTIVIDAD COMPLEMENTARIA

13. Busca y compara las fichas técnicas de dos fabricantes distintos de hilo tubular para acero inoxidable, con designación AWS A5.22. Indica las diferencias encontradas en:
    - Composición química.
    - Rango de parámetros de uso.

3.2. Sistema EN (European Normalization)

El sistema de designación EN es más descriptivo que el AWS e incluye información sobre la resistencia, el límite elástico, el gas protector y la composición química. Las normas más habituales son **EN ISO 14341** (aceros no aleados y de baja aleación), **EN ISO 14343** (aceros inoxidables) y **EN ISO 17632** (tubulares). En las siguientes tablas se recogen las características de las designaciones de los hilos siguiendo la norma EN.

Estructura general para hilos sólidos de acero al carbono y baja aleación
Formato: G xx y M/C GzSix EN ISO 14341

Símbolo	Significado	Opciones principales
G	Hilo sólido bajo gas protector	Letra fija
xx	Resistencia mínima a la tracción (MPa/10)	38, 42, 46, 50...
y	Límite elástico (MPa/10)	2, 3, 4...
M/C/P/I	Gas protector	Designación de gas protector.
GzSix	Composición química	G3Si1, G4Si1... (contenido en Mn y Si)

Designación de gas protector en EN

Código	Gas protector
M	Mezcla Ar + CO_2
C	CO_2 puro
P	Mezcla Ar + O_2
I	Argón puro

Código **G 42 4 M G3Si1:** hilo sólido para aceros al carbono con resistencia mínima de 420 MPa, límite elástico de 400 MPa, uso con mezcla Ar + CO_2 y composición con ≈1 % Mn y 0,9 % Si.

En **G 46 4 P G4Si1**, el código P indica que el gas protector es una mezcla de Ar + O_2, adecuada para un arco más estable y mejor humectación en soldaduras de alta calidad.

Estructura general para hilos de acero inoxidable
Formato: W x x x x (L) (Si) Norma EN ISO 14343

Símbolo	Significado	Opciones principales
W	Hilo inoxidable *(welding wire)*	Letra fija
x x x x	Composición nominal Cr/Ni	Ej. 19 9 = Cr 19 %, Ni 9 %
L	Bajo carbono *(low carbon)*	Resistencia a la corrosión intergranular
Si	Adición de silicio	Mejora la fluidez y el aspecto

Código **W 19 12 3 L:** hilo inoxidable con 19 % Cr, 12 % Ni y 3 % Mo, bajo carbono, ideal para aceros inoxidables tipo 316L en entornos marinos o químicos.

Formato general para hilos tubulares de aceros al carbono y baja aleación Norma EN ISO 17632

Símbolo	Significado	Opciones principales
T	Hilo tubular *(tubular)*	Letra fija
xx	Resistencia mínima a la tracción (MPa/10)	38, 42, 46, 50, 55...
y	Límite elástico (MPa/10)	2, 3, 4...
M/C	Gas protector	M = mezcla Ar + CO_2; C = CO_2 puro
z	Posición de soldeo	0 = plana/horizontal; 1 = todas las posiciones
x-y	Tipo de núcleo y composición	Ej.: P-Mo (polvo con Mo), P-Ni, etc.

Código **T 46 4 M 1 P-Mo:** hilo tubular para aceros al carbono y baja aleación, resistencia mínima 460 MPa, límite elástico 400 MPa, uso con mezcla Ar + CO_2, apto para todas las posiciones, con núcleo en polvo y adición de molibdeno.

Formato general para hilos tubulares para aceros inoxidables Norma EN ISO 17633
T x x x x (L) M/C z

Símbolo	Significado	Opciones principales
T	Hilo tubular	Letra fija
x x x x	Composición nominal Cr/Ni	Ej. 19 9, 19 12 3...
L	Bajo carbono *(low carbon)*	Opcional
M/C	Gas protector	M = mezcla Ar + CO_2; C = CO_2 puro
z	Posición de soldeo	0 = plana/horizontal; 1 = todas las posiciones

Código **T 19 12 3 L M 1:** hilo tubular inoxidable con 19 % Cr, 12 % Ni y 3 % Mo, bajo carbono, uso con mezcla Ar + CO_2, apto para todas las posiciones.

APLICACIÓN PRÁCTICA

Samuel está trabajando en el taller preparando una unión en posición horizontal (2F) entre dos chapas de acero inoxidable AISI 304 de 6 mm de espesor. Antes de comenzar, acude al almacén para seleccionar la bobina de hilo adecuada. En el inventario encuentra:

- **Tipo de hilos disponibles:**

  1. **ER70S-6 - EN ISO 14341-A G 42 4 C1/M21 3Si1.**
  2. **ER308L - EN ISO 14343-A G 19 9 L Si.**
  3. **ER80S-D2 - EN ISO 21952-A G Mn3Ni1CrMo.**

El responsable de producción le recuerda que la elección del hilo influirá directamente en la calidad de la soldadura, el aspecto del cordón y la durabilidad de la unión. Ayuda a Samuel a elegir correctamente antes de iniciar el montaje de la bobina en el equipo.

Solución

Samuel debe seleccionar el **ER308L** (EN ISO 14343-A G 19 9 L Si).

El **ER308L** está diseñado para aceros inoxidables austeníticos como el AISI 304, ya que su composición con bajo contenido en carbono y aleación de cromo-níquel asegura la resistencia a la corrosión y buenas propiedades mecánicas.

Las otras opciones **(ER70S-6 y ER80S-D2)** están destinadas a aceros al carbono y aceros aleados, no a inoxidables. De este modo, se garantiza la compatibilidad química, el cumplimiento de la norma y la calidad del cordón.

4. Normas de uso y conservación: precauciones específicas, manipulación, transporte, almacenamiento y tratamiento, entre otros

HILO CONDUCTOR

Antes de iniciar una nueva serie de soldaduras en el taller, Samuel recibe un lote de bobinas de hilo sólido y tubular para acero inoxidable. Al abrir el embalaje, recuerda que en formaciones anteriores insistieron en la importancia de conservar el material en condiciones óptimas para evitar problemas como la oxidación, la humedad o la pérdida de características mecánicas. Decide repasar las normas de uso y conservación para asegurarse de que, cuando coloque el hilo en la máquina, esté en perfectas condiciones.

El correcto manejo y conservación de los electrodos consumibles o materiales de aporte es un aspecto fundamental para garantizar la calidad de la soldadura. Factores como la humedad ambiental, la contaminación por polvo o grasas, o el almacenamiento inadecuado pueden comprometer las propiedades del material, afectando directamente a la estabilidad del arco, la composición química del cordón y la resistencia mecánica final.

A continuación, se detallan las principales **normas y recomendaciones** para la manipulación, el transporte, el almacenamiento y el tratamiento de las bobinas de hilo utilizadas en procesos MIG/MAG, tanto en aceros al carbono como en inoxidables.

4.1. Precauciones específicas

Antes de manipular cualquier bobina, se deben tener en cuenta las siguientes precauciones generales:

Evitar la humedad
- Es importante mantener el material alejado de zonas húmedas o con condensación. Esto previene la oxidación y la porosidad en la soldadura.

Continúa en página siguiente >>

<< Viene de página anterior

No retirar el embalaje original hasta el momento de uso
- El envase protege contra el polvo y la humedad, y evita la contaminación superficial.

Manipular con guantes limpios
- Evitará la transferencia de grasa, sudor o partículas y la contaminación química del hilo.

No golpear ni doblar la bobina
- Se deben evitar deformaciones en el hilo y daños en el carrete. Con ello, se previenen problemas de alimentación y atascos.

4.2. Manipulación

Una manipulación correcta es clave para mantener la integridad física y química del material de aporte Por ello, es importante tener en cuenta las siguientes recomendaciones:

- Tener una sujeción segura: transportar la bobina utilizando su eje central o asas diseñadas para ello.
- Evitar arrastres: nunca arrastrar la bobina sobre superficies metálicas o abrasivas.
- Inspección previa: verificar que el hilo no presente óxido, deformaciones o enredos antes de montarlo en la máquina.

4.3. Transporte

El transporte de bobinas debe planificarse para minimizar los riesgos. Por ello, es importante:

- Usar un embalaje adecuado y mantener el embalaje original, con la protección antihumedad.
- Utilizar cajas rígidas o separadores internos en el transporte que protejan las bobinas contra los impactos. En ocasiones también se hace preciso fijar la carga.

4.4. Almacenamiento

El almacenamiento prolongado requiere condiciones específicas, las cuales se deben tener en cuenta:

Temperatura
- La temperatura de almacenamiento recomendada está entre 10 y 30 °C. Es importante evitar cambios bruscos de temperatura.

Humedad relativa
- Su valor debe ser inferior al 60 %. Se usarán deshumidificadores en climas húmedos.

Ubicación de las estanterías
- Las estanterías donde se almacenan las bobinas deben estar separadas del suelo como mínimo 15 cm para evitar la absorción de humedad por capilaridad.

En el caso de hilos tubulares, es especialmente importante mantenerlos **herméticamente sellados** hasta su uso, ya que su relleno es más sensible a la humedad.

4.5. Tratamiento previo al uso

De manera previa al uso del hilo de soldadura, es preciso tener en cuenta una serie de precauciones y tratamientos que reducen la presencia de defectos en la soldadura que se realizará. Entre ellas se destacan:

Limpieza del hilo
- Pasar un paño limpio y seco por los primeros centímetros antes de introducirlo en la pistola.

Acondicionamiento térmico (solo si lo especifica el fabricante)
- En hilos con recubrimientos sensibles a la humedad, se puede requerir un secado previo a baja temperatura.

Verificación del sentido de enrollado
- Montar siempre la bobina respetando la dirección original para evitar tensiones indebidas.

APLICACIÓN PRÁCTICA

Samuel está revisando el área de almacenamiento de bobinas de hilo y encuentra una hoja de recomendaciones pegada en la pared.

Recomendación observada
- Guardar las bobinas en un lugar húmedo para evitar la electricidad estática. - Mantener las bobinas protegidas del polvo, la suciedad y la humedad. - Transportar las bobinas golpeándolas suavemente para acomodar el hilo. - Conservar las bobinas en su embalaje original hasta el momento de uso. - Dejar las bobinas expuestas a la luz solar directa para eliminar la humedad.

Sin embargo, sospecha que hay errores en la información, ya que algunos puntos no se ajustan a las normas de uso y conservación. Corrige las que sean erróneas.

Solución

Recomendación corregida
- Guardar las bobinas en un lugar seco y con humedad controlada para evitar la oxidación. - Mantener las bobinas protegidas del polvo, la suciedad y la humedad. - Transportar las bobinas evitando golpes y caídas que puedan deformar el carrete o dañar el hilo. - Conservar las bobinas en su embalaje original hasta el momento de uso. - Mantener las bobinas alejadas de la luz solar directa y de fuentes de calor para prevenir el deterioro del recubrimiento.

5. Resumen

El conocimiento y la correcta selección de los electrodos consumibles o materiales de aporte son factores determinantes para garantizar una soldadura de calidad, adaptada a las exigencias del material base y a las condiciones del proceso. Las bobinas de hilo de aceros débilmente aleados, aleados e inoxidables presentan composiciones, recubrimientos y parámetros de uso específicos que influyen directamente en el rendimiento, la estabilidad del arco, las características operatorias y el acabado final del cordón.

La clasificación y la designación de estos materiales según las normas AWS y EN permiten identificar de forma precisa su composición química, sus propiedades mecánicas, el tipo de protección y el ámbito de aplicación. Conocer el significado de cada letra y número en las designaciones facilita la elección del hilo más adecuado para cada trabajo, asegurando la compatibilidad con el metal base y las condiciones de servicio.

El cumplimiento de las normas de uso y conservación —incluyendo la manipulación correcta, el transporte seguro, el almacenamiento en condiciones controladas y el tratamiento previo cuando sea necesario— evita la contaminación, la humedad, la oxidación y otros deterioros que comprometen la soldadura. Estas prácticas garantizan que el material de aporte conserve sus propiedades originales hasta el momento de su utilización.

En definitiva, dominar la identificación, las características y el mantenimiento de los electrodos consumibles no solo optimiza el rendimiento del proceso de soldeo, sino que también asegura la fiabilidad y la durabilidad de las uniones, reduciendo los defectos y aumentando la productividad en el taller.

Ejercicios de autoevaluación Unidad de Aprendizaje 5

1. **Indica si la siguiente afirmación es verdadera o falsa: "Los hilos tubulares para acero inoxidable deben almacenarse en lugares secos, alejados de fuentes de calor y humedad".**

   - Verdadero
   - Falso

2. **¿Cuál es una de las principales precauciones específicas al manipular bobinas de hilo tubular?**

   a. Transportarlas sin protección para evitar daños en la envoltura.
   b. Mantenerlas en posición horizontal y protegerlas del polvo.
   c. Exponerlas al sol para eliminar la humedad.
   d. Guardarlas junto a productos químicos.

3. **Completa la siguiente oración:**

   El embalaje original del hilo tubular debe mantenerse intacto hasta su uso para ________________ sus condiciones de fabricación y evitar la ________________.

4. **Indica si la siguiente afirmación es verdadera o falsa: "Los hilos tubulares pueden almacenarse en exteriores siempre que estén cubiertos con una lona".**

   - Verdadero
   - Falso

5. **Selecciona la opción correcta. Una consecuencia de un almacenamiento inadecuado de los hilos tubulares es:**

   a. Mayor facilidad para el cebado del arco.
   b. Incremento de salpicaduras y defectos en el cordón.
   c. Mayor rendimiento de deposición.
   d. Mejora en la estabilidad del arco.

6. Relaciona cada acción con su objetivo:

a. Mantener el hilo en su embalaje original.
b. Proteger el hilo de la humedad.
c. Evitar golpes y caídas durante el transporte.

__ Prevenir la oxidación o la corrosión.
__ Evitar deformaciones y daños en la bobina.
__ Mantener sus características originales.

7. Indica si la siguiente afirmación es verdadera o falsa: "El contacto del hilo tubular con aceites o grasas no afecta a la calidad de la soldadura".

- Verdadero
- Falso

8. ¿Cuál de las siguientes prácticas es adecuada para el transporte de hilos tubulares?

a. Llevar varias bobinas apiladas sin sujeción.
b. Usar embalajes resistentes y fijar las bobinas para evitar movimientos.
c. Transportarlas sueltas en el maletero del vehículo.
d. Exponerlas a la intemperie para ahorrar espacio.

9. ¿Qué problema puede generar la entrada de humedad en el interior del hilo tubular?

____

____

10. Completa la siguiente oración:

Antes de instalar un hilo tubular en la máquina de soldar, es recomendable verificar que no presenta ________ visibles ni signos de ____________.

Unidad de aprendizaje 6

Procedimientos operatorios en el soldeo MAG de chapas de acero al carbono

Contenido

1. Introducción
2. Formas de las juntas: preparación de las uniones a soldar. Técnicas y normas de punteado
3. Selección de la forma de transferencia
4. Regulación de los parámetros principales en la soldadura MAG de chapas
5. Inclinación de la pistola según la junta y la posición de soldeo
6. Sentido de avance en la aportación de material
7. Distancia pistola-pieza
8. Técnica de soldeo en las diferentes posiciones de soldadura
9. Distribución de los diferentes cordones de penetración, relleno y peinado
10. Tratamientos presoldeo
11. Aplicación práctica de soldeo de chapas de acero al carbono en diferentes posiciones con hilo sólido
12. Resumen

Objetivos

Los objetivos específicos de esta Unidad de Aprendizaje son:

→ Identificar las diferentes formas de junta empleadas en chapas de acero al carbono, aplicando correctamente las técnicas de preparación y punteado previas al soldeo.
→ Seleccionar la forma de transferencia metálica más adecuada en función del espesor de la chapa, la posición de soldeo y las características de la unión.
→ Regular los parámetros principales en el proceso MAG de chapas para obtener cordones de calidad.
→ Aplicar correctamente la inclinación de la pistola, el sentido de avance y la distancia pistola-pieza según el tipo de junta y la posición de soldeo.
→ Ejecutar técnicas de soldeo en diferentes posiciones, adaptando los movimientos y la estabilidad del arco para garantizar una correcta penetración y acabado.
→ Planificar la distribución de cordones de penetración, relleno y peinado en uniones de chapa, evitando defectos internos y externos.
→ Reconocer los tratamientos presoldeo necesarios en chapas de acero al carbono para asegurar la calidad de la unión.
→ Desarrollar prácticas de soldeo de chapas en distintas posiciones con hilo sólido en el proceso MAG, demostrando autonomía y destreza operatoria.

1. Introducción

En los procesos de soldeo por arco, el tipo de material base y la forma en la que se preparan las uniones condicionan de manera decisiva la calidad final de la soldadura. Cuando se trabaja con chapas de acero al carbono, factores como la correcta preparación de la junta, la elección del modo de transferencia, la regulación de parámetros o la técnica operatoria aplicada determinan no solo la resistencia mecánica del cordón, sino también la productividad y la seguridad en el trabajo.

El proceso MAG aplicado a chapas requiere especial atención, ya que, a diferencia de los tubos, las superficies planas y los distintos espesores pueden presentar problemas como deformaciones, falta de penetración o defectos internos si no se siguen los procedimientos adecuados. De ahí la importancia de dominar aspectos fundamentales como la inclinación de la pistola, la distancia de trabajo, la dirección de avance o la distribución de los cordones en varias pasadas.

Por tanto, es importante conocer los **procedimientos operatorios en el soldeo MAG de chapas de acero al carbono,** desde la preparación de las juntas y el punteado inicial hasta la regulación de parámetros, la técnica en diferentes posiciones y los tratamientos previos necesarios.

Samuel, tras haber practicado el soldeo en tubos, recibe ahora la tarea de realizar uniones en chapas de acero al carbono. Al preparar la primera junta, observa que el supervisor insiste en la importancia del punteado y la regulación de los parámetros, recordándole que en chapas planas un pequeño error en la técnica puede traducirse en deformaciones visibles o en una falta de penetración crítica. Samuel comprende que este nuevo paso supone un reto distinto: ya no se trata solo de mantener el arco estable, sino de aplicar un procedimiento integral que garantice calidad, precisión y repetitividad en las soldaduras de chapa.

2. Formas de las juntas: preparación de las uniones a soldar. Técnicas y normas de punteado

HILO CONDUCTOR

Samuel recibe la tarea de preparar varias chapas de acero al carbono para practicar el soldeo MAG. Al colocarlas sobre la mesa de trabajo, observa que cada una presenta un espesor distinto. El supervisor le pregunta si sabe qué tipo de junta conviene en cada caso y cómo debe asegurar que las piezas no se muevan antes de soldar. Samuel comprende que no basta con encender el arco: la clave está en preparar bien la unión, limpiar los bordes y aplicar los cordones de punteo de manera correcta para evitar deformaciones y asegurar la penetración.

La unión de chapas mediante soldadura MAG requiere una preparación cuidadosa de las juntas. La geometría de la unión, la limpieza de las superficies y la aplicación de cordones de punteo son aspectos decisivos para garantizar la alineación y la estabilidad durante el soldeo. Una junta mal diseñada o insuficientemente fijada puede provocar deformaciones, falta de penetración o inclusiones de defectos que comprometan la resistencia de la unión. En este apartado se analizan las principales formas de junta utilizadas en chapas de acero al carbono, los procedimientos básicos de preparación y las técnicas de punteado recomendadas según la normativa.

2.1. Formas de las juntas en chapas de acero al carbono

Las juntas en chapas se clasifican en función de la disposición relativa de las piezas y del tipo de preparación que requieren. Las más habituales en el soldeo MAG son:

Tipo de junta	Descripción	Aplicaciones típicas
A tope sin bisel	Unión directa de bordes rectos, utilizada en chapas de poco espesor.	Estructuras ligeras, carrocería, pequeños refuerzos.

Continúa en página siguiente >>

<< Viene de página anterior

Tipo de junta	Descripción	Aplicaciones típicas
A tope con bisel simple en V	Preparación en ángulo de 30-45° en uno de los bordes, que permite mayor penetración.	Chapas de 6-12 mm de espesor.
A tope con bisel doble en X	Preparación en ángulo en ambos bordes, que reduce la cantidad de aporte y equilibra tensiones.	Chapas de gran espesor (>12 mm).
En solape	Una chapa se coloca sobre otra, con cordón en los bordes.	Reparaciones rápidas, carrocerías, refuerzos.
En T	Unión perpendicular entre dos chapas, con soldadura en ángulo.	Construcción de estructuras metálicas.
En esquina (L)	Dos chapas se unen formando un ángulo recto.	Marcos, estructuras de cajas o cubiertas.

Una preparación adecuada de la junta asegura una penetración uniforme, la mínima deformación y un mejor acabado del cordón.

SABÍAS QUE...

La elección de la forma de junta no solo depende del espesor de la chapa, sino también de factores como el acceso del soldador, la posición de trabajo y la resistencia final requerida en servicio.

2.2. Preparación de las uniones que soldar

La preparación de las uniones es un paso decisivo para obtener cordones homogéneos y resistentes. Implica no solo dar la geometría correcta a los bordes de las chapas, sino también asegurar la limpieza y las condiciones superficiales adecuadas.

Por tanto, antes de proceder al soldeo, es imprescindible preparar correctamente los bordes de las chapas mediante:

Corte y biselado	- Los bordes deben mecanizarse o esmerilarse para lograr la geometría correcta.
Limpieza	- Se eliminan óxidos, grasas, pinturas o contaminantes con cepillo de acero inoxidable, disolventes o amoladora.
Separación de raíz	- En uniones a tope, se deja una separación controlada (1-3 mm) para facilitar la penetración.
Alineación	- Se colocan las chapas en la posición exacta, utilizando útiles de sujeción o plantillas cuando sea necesario.

Una superficie limpia y una preparación adecuada son esenciales para evitar defectos como inclusiones de escoria, falta de fusión o porosidad.

SABÍAS QUE...

Gracias al uso de máquinas de corte por plasma por control numérico (CNC), se pueden realizar cortes y biselados con gran precisión y rapidez en chapas de acero al carbono. El control numérico reduce tiempos de preparación, se optimiza el consumo de material y se obtiene una geometría uniforme en los bordes, lo que mejora notablemente la calidad y la repetitividad de la soldadura posterior.

Corte y biselado de chapas de acero mediante máquina de plasma

2.3. Técnicas y normas de punteado

El **punteado** consiste en aplicar pequeños cordones en puntos estratégicos de la junta para mantener la alineación durante la soldadura definitiva.

El punteado asegura que las chapas permanezcan alineadas y en posición durante la soldadura definitiva. Para ello, los puntos deben colocarse con una longitud aproximada de 10 a 20 mm, dependiendo del espesor de la chapa y del tipo de junta.

Cuando dos piezas se unen mediante soldadura, el calor generado provoca dilataciones y tensiones internas durante la solidificación del cordón. Esto ocasiona que las piezas tiendan a desplazarse o abrirse, a menudo con un efecto similar al de un abanico. Para evitar estos movimientos, especialmente cuando no se dispone de una sujeción firme o se requiere una fijación más resistente, se realizan pequeños cordones cortos y estrechos distribuidos a lo largo de los bordes de las chapas.

Estos puntos, cuyo aspecto final recuerda a un botón, varían de tamaño en función de la separación, la longitud de la unión y las dimensiones de las piezas. Aunque su función principal es sujetar, siempre deben ejecutarse con las chapas previamente fijadas, ya que también pueden generar pequeñas deformaciones por dilatación.

A partir de la experiencia del soldador, se determina la cantidad de puntos necesarios para asegurar la correcta alineación. Como norma general, se coloca un punto en cada extremo de la junta y se van añadiendo otros intermedios hasta cubrir la longitud total, manteniendo la separación adecuada entre las piezas.

A continuación, se recogen las características y los aspectos que hay que tener en cuenta durante el punteado:

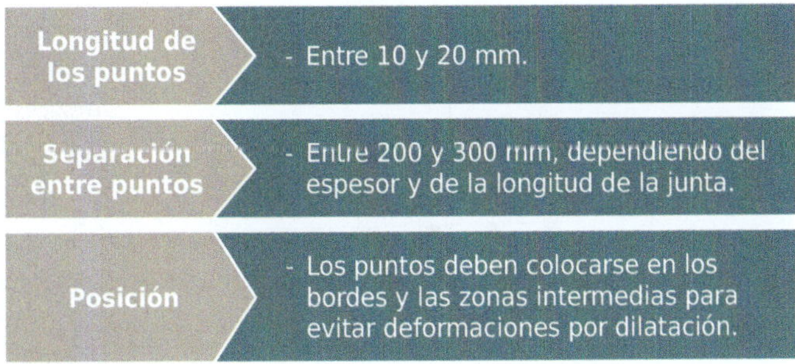

Continúa en página siguiente >>

<< Viene de página anterior

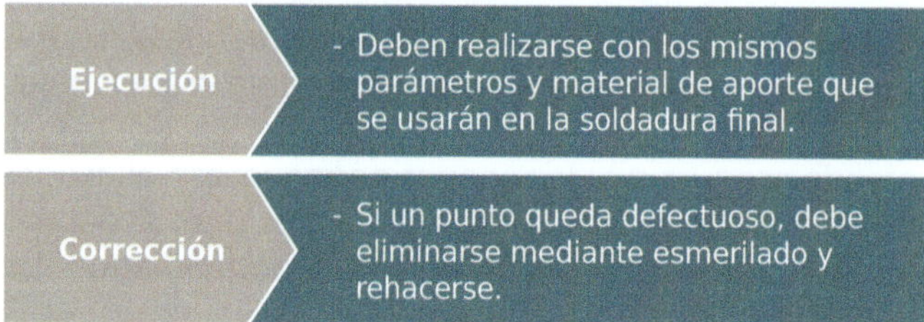

NOTA

Un punteado correcto evita desplazamientos, asegura la geometría de la junta y reduce deformaciones durante el soldeo. Sin embargo, un punteado insuficiente provoca desplazamientos y desalineaciones, mientras que un exceso de puntos incrementa el tiempo de preparación y puede originar inclusiones o interrupciones en el cordón principal. El equilibrio en su ejecución es clave para asegurar la calidad del proceso.

Esquema de orden de punteado para 9 puntos y apertura en abanico de la zona punteada cuando se realiza el punteado de forma incorrecta

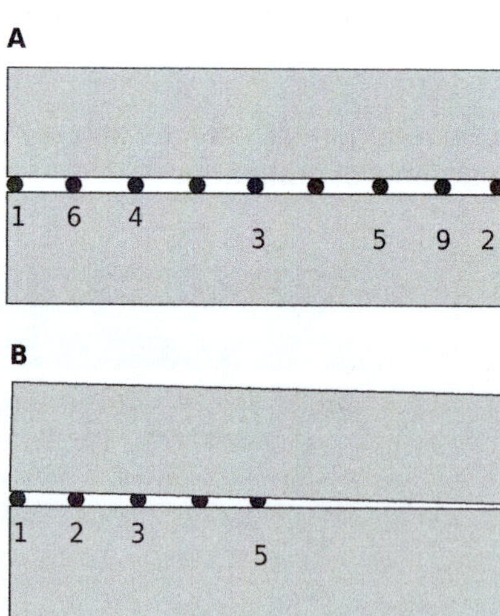

3. Selección de la forma de transferencia

HILO CONDUCTOR

Al iniciar la práctica con chapas de acero al carbono, Samuel observa que, aun manteniendo los mismos parámetros de tensión e intensidad, el cordón no siempre presenta el mismo aspecto. El supervisor le explica que esto se debe a la forma de transferencia metálica del hilo hacia el baño de fusión, un factor clave que depende de la regulación y del gas empleado. A partir de ahí, Samuel entiende que elegir la forma de transferencia adecuada es tan importante como preparar la junta o manejar la pistola correctamente.

En el proceso MAG, el metal de aporte se transfiere desde el extremo del hilo hasta el baño de fusión mediante distintas **formas de transferencia.** La selección de un modo u otro influye directamente en la estabilidad del arco, la cantidad de proyecciones, la penetración y la calidad del cordón. No existe una forma universalmente mejor: cada una se adapta a un rango de espesores, posiciones de soldeo y tipos de gas protector.

La **selección de la forma de transferencia** depende de tres factores principales:

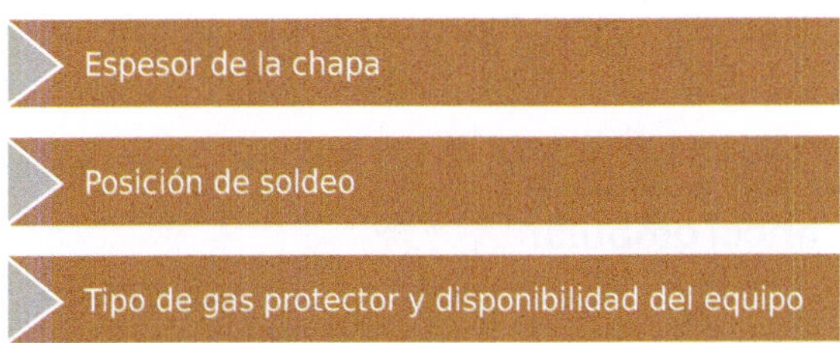

Dominar estas opciones permite al soldador adaptar el proceso MAG a cualquier situación práctica, garantizando eficiencia y calidad en la unión.

3.1. Transferencia por cortocircuito

En la transferencia por cortocircuito, el electrodo toca de forma repetida el baño de fusión, produciéndose pequeñas descargas que funden el extremo del hilo. Este mecanismo genera un arco de baja energía idóneo para chapas finas, ya que permite un control preciso del baño y reduce el riesgo de perforación. Los aspectos que hay que tener en cuenta en este modo de transferencia son:

Aspecto	Descripción
Rango de corriente	Baja (40-180 A).
Gases típicos	Mezclas Ar + CO_2 o CO_2 puro.
Singularidad	Arco frío, baja penetración, posibilidad de soldar chapas delgadas.
Ventajas	Permite trabajar en posiciones forzadas y reduce el riesgo de perforaciones en chapas finas.
Inconvenientes	Mayor riesgo de falta de fusión si no se controla bien la técnica.

IMPORTANTE

La transferencia por cortocircuito requiere una técnica depurada, ya que un exceso de separación entre el hilo y la pieza puede interrumpir la continuidad del arco y generar defectos de falta de fusión.

3.2. Transferencia globular

En este modo, las gotas de material fundido son mayores que el diámetro del electrodo y se desprenden por efecto de la gravedad, lo que ocasiona un arco inestable y con abundantes proyecciones. Aunque es un tipo de transferencia poco recomendable desde el punto de vista de la calidad, puede emplearse en chapas de espesores medios cuando no se dispone de gas protector rico en argón y el equipo es básico. Las características principales de este tipo de transferencia son:

Aspecto	Descripción
Rango de corriente	Media (180-250 A).
Gases típicos	CO_2 puro o mezclas con alto contenido en CO_2.
Singularidad	Gotas grandes, arco inestable, muchas proyecciones.
Ventajas	Permite trabajar con espesores medios a bajos costos.
Inconvenientes	Cordón poco estético y con mayor necesidad de limpieza posterior.

SABÍAS QUE...

La transferencia globular se asocia principalmente a mezclas de gas con alto contenido en CO_2, donde el arco pierde estabilidad. Por este motivo, suele reservarse para trabajos no críticos en los que no se exigen elevados estándares estéticos ni metalúrgicos.

3.3. Transferencia por espray

La transferencia por espray se caracteriza por un arco estable y un flujo continuo de finas gotas metálicas que se proyectan axialmente hacia el baño de fusión. Esto proporciona cordones limpios, regulares y con gran penetración, siendo muy adecuada para chapas de espesor medio y alto, especialmente en posición plana. Los aspectos que destacar de la transferencia por espray son:

Aspecto	Descripción
Rango de corriente	Alta (>250 A).
Gases típicos	Argón o mezclas ricas en argón (mínimo 80 %).
Singularidad	Arco largo y estable, cordón limpio, mínima proyección.

Continúa en página siguiente >>

<< Viene de página anterior

Aspecto	Descripción
Ventajas	Excelente penetración, gran calidad del cordón.
Inconvenientes	No apto para chapas finas ni posiciones forzadas (exceso de aporte térmico).

NOTA

En posiciones distintas a la plana, la transferencia por espray resulta difícil de controlar debido al gran aporte térmico, que provoca escurrimiento del baño de fusión.

3.4. Transferencia por arco pulsado

La transferencia por arco pulsado combina las ventajas del espray con un mayor control del baño de fusión. Mediante la modulación de la intensidad, se consigue que el desprendimiento de gotas ocurra de manera controlada, incluso en posiciones forzadas. Este modo de transferencia permite trabajar en chapas de espesores variables, con buena penetración y un acabado superficial de alta calidad. Requiere equipos más avanzados y un ajuste preciso de parámetros, lo que limita su uso en entornos con recursos básicos. El arco pulsado se caracteriza por:

Aspecto	Descripción
Rango de corriente	Amplio, adaptado por la máquina.
Gases típicos	Argón + pequeñas proporciones de CO_2 u O_2.
Singularidad	Transferencia controlada, buena penetración, baja proyección.
Ventajas	Permite soldar chapas finas y gruesas con la misma máquina, aplicable en posiciones forzadas.
Inconvenientes	Requiere equipos más avanzados y costosos.

SABÍAS QUE...

El arco pulsado, al disminuir el aporte térmico en comparación con el espray convencional, es idóneo para chapas de espesores intermedios en posiciones verticales y sobrecabeza, donde otros modos resultan más difíciles de controlar.

APLICACIÓN PRÁCTICA

Samuel continúa su formación en soldadura MAG aplicada a chapas de acero al carbono. Su supervisor le plantea un ejercicio técnico: analizar distintas situaciones habituales en el taller y justificar cuál es el modo de transferencia metálica más adecuado en cada una. Samuel debe tener en cuenta el espesor de la chapa, la posición de soldeo, los medios disponibles y los requisitos de calidad y productividad. Las situaciones son las siguientes:

1. **Unión de chapas de** 2 mm de espesor **en posición horizontal, destinadas a la fabricación de carcasas metálicas ligeras.**
2. **Soldadura en taller, en posición plana, de chapas de** 12 mm de espesor **para una estructura sometida a esfuerzos. El equipo disponible cuenta con arco pulsado y mezcla rica en argón.**
3. **Trabajo en obra: unión de chapas de** 6 mm de espesor **en posición horizontal bajo condiciones ambientales variables. Solo se dispone de equipos semiautomáticos convencionales y mezcla de CO_2 + Ar al 15 %.**

Solución (Posible solución):

Caso 1: en chapas finas y posición horizontal, se debe evitar un exceso de aporte térmico. La transferencia **por cortocircuito** es la más adecuada, ya que controla bien el baño de fusión, reduce el riesgo de perforaciones y permite cordones estables con bajo calor aportado.

Caso 2: chapas gruesas en posición plana, con necesidad de penetración completa y buena productividad. La transferencia **por espray** (o **pulsada** si se requiere aún más control) es la mejor opción; ofrece alta estabilidad, gran penetración y cordones de calidad, ideales en aplicaciones estructurales críticas.

Continúa en página siguiente >>

<< *Viene de página anterior*

Caso 3: en condiciones de obra, con equipos básicos y gas limitado, se descartan modos más sofisticados. El espesor moderado admite la transferencia **por cortocircuito,** que resulta más manejable en condiciones poco controladas, aunque genere más proyecciones que el espray.

ACTIVIDAD COMPLEMENTARIA

14. Busca en la red algún vídeo donde se observen prácticas de soldadura con los distintos modos de transferencia.

4. Regulación de los parámetros principales en la soldadura MAG de chapas

HILO CONDUCTOR

Samuel comienza a practicar con chapas de acero al carbono de 8 mm de espesor. Ajusta la máquina al azar, pensando que bastará con encender el arco y dejar que el hilo avance. Sin embargo, el cordón queda irregular, con exceso de proyecciones y falta de penetración. El supervisor le explica que en la soldadura MAG no basta con encender la máquina: hay que regular cuidadosamente parámetros como la polaridad, la tensión, la intensidad, la velocidad de hilo y el caudal de gas, ya que de ellos depende la calidad final de la unión.

La soldadura MAG en chapas exige un control riguroso de los parámetros principales de la máquina y de la alimentación del material de aporte. Cada parámetro afecta de forma directa al arco, al baño de fusión y al cordón resultante. Una regulación incorrecta puede provocar defectos como falta de penetración, exceso de aporte, socavados o porosidad. En este apartado se describen los parámetros más relevantes y las consideraciones prácticas para su ajuste adecuado.

4.1. Polaridad

En la soldadura MAG se emplea siempre corriente continua, lo que permite trabajar con diferentes configuraciones de polaridad. Estas son:

Polaridad	Efecto principal	Aplicaciones
DCEP (electrodo +)	Mayor penetración, arco más estable, mejor transferencia de metal.	Uso general con hilos sólidos y tubulares con gas.
DCEN (electrodo -)	Menor penetración, inestabilidad del arco.	Casos muy específicos (algunos hilos tubulares autoprotegidos).

En la soldadura MAG con hilo sólido, se emplea habitualmente la **polaridad directa (electrodo positivo, pieza negativa - DCEP),** y seleccionar la polaridad correcta evita defectos graves como la falta de penetración o un arco inestable.

NOTA

Una polaridad incorrecta no solo afecta al comportamiento del arco, sino que también puede dañar los consumibles y generar uniones defectuosas.

4.2. Tensión de arco (voltaje)

La tensión controla la **longitud del arco** y el aspecto del cordón. Los efectos de la tensión en el cordón son:

Tensión	Efectos en el cordón
Baja	Cordón estrecho, riesgo de falta de fusión, arco inestable.
Adecuada	Cordón uniforme, buena penetración, mínima proyección.
Alta	Cordón ancho y plano, exceso de proyecciones, pérdida de estabilidad.

Ajustar la tensión según el diámetro del hilo y la forma de transferencia garantiza un arco estable. De forma orientativa, consideramos:

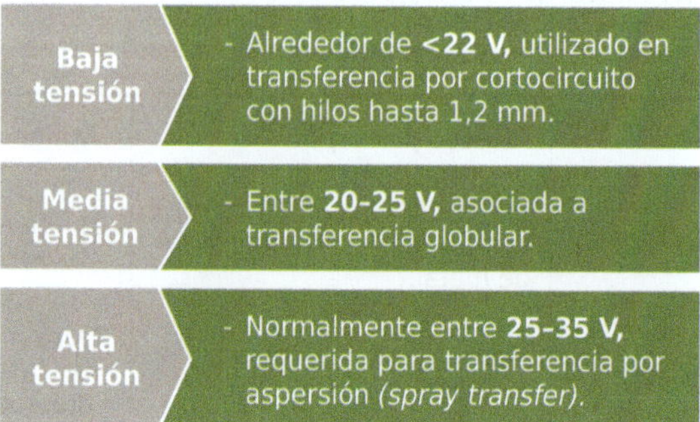

4.3. Intensidad de corriente

La intensidad regula la cantidad de energía que se aplica al arco. El valor óptimo depende del diámetro del hilo, el espesor de la chapa y el tipo de transferencia metálica. En la siguiente tabla se recoge un cuadro comparativo:

Intensidad	Efecto en la soldadura
Baja	Penetración insuficiente, cordón frío.
Adecuada	Penetración uniforme y estable.
Alta	Exceso de penetración, riesgo de socavados y deformaciones.

NOTA

En general, a mayor diámetro de hilo y espesor de chapa, mayor intensidad requerida.

La estabilidad del arco y la calidad de la soldadura dependerán en gran medida de la adaptación de los valores de la corriente al espesor de la chapa y al tipo de junta. Así, consideramos los siguientes valores de forma orientativa:

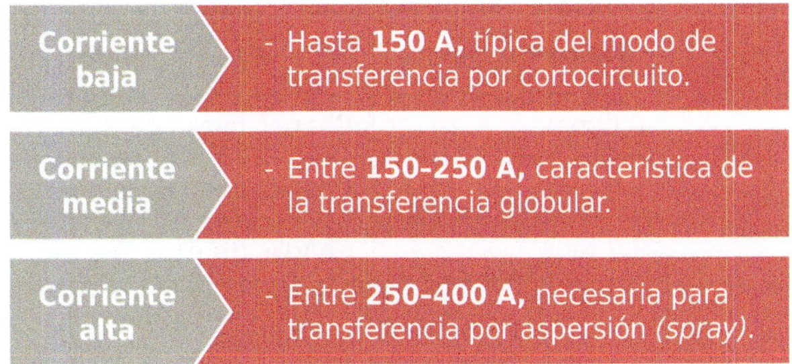

La combinación y el ajuste de los valores de tensión y corriente conseguirán un arco estable y el modo de transferencia que se necesite dependiendo de las características de la soldadura que se vaya a realizar y del espesor del electrodo. En la siguiente tabla se recoge un cuadro comparativo:

Rango	Tensión (Voltaje)	Corriente (Amperaje)	Proceso típico (1,2 mm hilo)
Bajo	<22 V	≤150 A	Cortocircuito - chapas finas
Medio	20-25 V	150-250 A	Transferencia globular - chapas medias
Alto	25-35 V	250-400 A	Transferencia espray - chapas gruesas

4.4. Diámetro y velocidad de alimentación del hilo

El diámetro del hilo es un factor clave en la regulación del proceso. Los diámetros más utilizados en chapas de acero al carbono oscilan entre **0,8 y 1,2 mm,** aunque en aplicaciones industriales con chapas de mayor espesor pueden emplearse hilos de hasta 1,6 mm.

Los hilos finos permiten un mejor control del baño en chapas delgadas, reduciendo el riesgo de perforaciones, mientras que los hilos más gruesos favorecen una mayor velocidad de deposición en espesores elevados.

Diámetro típico	Uso recomendado
0,8 mm	Chapas finas (<3 mm).
1,0 mm	Chapas medias (3-8 mm).
1,2 mm	Chapas gruesas (>8 mm).

IMPORTANTE

La **velocidad de alimentación** regula de forma directa la tasa de aporte y, por tanto, la intensidad. Una velocidad baja provoca falta de fusión; una excesiva genera inestabilidad del arco y proyecciones.

La **velocidad de alimentación del hilo** es la medida de la cantidad de hilo que se introduce en el arco por unidad de tiempo. Se expresa en **m/min**.

Este valor va a depender de varios factores, entre los que se destacan:

- **Relación con la corriente:** en fuentes de tensión constante (MIG/MAG), la **corriente la determina la velocidad de alimentación del hilo.** A mayor velocidad, más material entra al baño de fusión y, por tanto, más alta es la intensidad.
- **Efectos en el cordón:**
  - Velocidad de alimentación baja → menor corriente → cordones estrechos y de baja penetración (adecuado para chapas finas).
  - Velocidad de alimentación alta → mayor corriente → mayor tasa de deposición y penetración (adecuado para espesores altos).
- **Ajuste por diámetro:** un mismo valor de corriente se logra con **menor velocidad de alimentación de hilo** en hilos de mayor diámetro.

El dominio y el manejo de la **velocidad de alimentación del hilo** permiten controlar la **productividad,** la **penetración** y el **modo de transferencia metálica** en el soldeo MAG.

4.5. Naturaleza y caudal del gas protector

El gas protector es indispensable para aislar el baño de fusión de la atmósfera, evitando la oxidación y la formación de poros. La mezcla más habitual en soldeo MAG de aceros al carbono es **Ar + CO_2**, en proporciones variables según el objetivo del proceso.

Las particularidades de los gases protectores, así como sus efectos, son:

Gas protector	Características principales
CO_2 puro	Económico, buena penetración, mayor proyección.
Mezcla Ar + CO_2 (80/20, 90/10)	Equilibrio entre estabilidad, acabado y penetración.
Mezcla Ar + O_2 (98/2)	Excelente estabilidad del arco, cordones de alta calidad.

El **caudal recomendado** suele estar entre **10 y 20 l/min**, ajustándose según el diámetro de la boquilla, la posición de soldeo y las condiciones ambientales (evitar corrientes de aire).

TAREA 6

Samuel ha encontrado en el taller la siguiente tabla con recomendaciones de gas protector para el proceso MAG. Sin embargo, sabe que contiene errores y debe corregirla.

Gas indicado en la tabla	Mezcla	Uso recomendado según la tabla
CO_2 puro	—	Cordones de alta calidad estética
Ar + CO_2 (50/50)	50 %/50 %	Soldadura de chapas finas de 2 mm
Ar + O_2 (90/10)	90 %/10 %	Uso general en todos los espesores
Caudal de gas	25-35 l/min	Condiciones normales en taller

Continúa en página siguiente >>

<< *Viene de página anterior*

Revisa la tabla y elabora la versión correcta indicando el gas protector, la mezcla más adecuada y el rango real de aplicación en la soldadura de chapas de acero al carbono.

ACTIVIDAD COMPLEMENTARIA

15. Investiga cómo se controla el factor de aporte térmico en la soldadura MAG de chapas. Explica qué consecuencias tiene un aporte excesivo o insuficiente sobre la calidad del cordón y sobre las propiedades mecánicas de la unión.

5. Inclinación de la pistola según la junta y la posición de soldeo

HILO CONDUCTOR

Durante una práctica en el taller, Samuel observó que al soldar una unión a tope en posición plana su cordón quedaba demasiado ancho y con poca penetración. El supervisor le explicó que, además de la regulación de parámetros, la inclinación de la pistola es determinante para controlar la fusión, la penetración y el aspecto del cordón. Un ángulo incorrecto puede provocar defectos como falta de fusión, excesivo refuerzo o incluso proyecciones innecesarias.

En el soldeo MAG de **chapas de acero al carbono,** la inclinación de la pistola constituye un factor decisivo que condiciona la estabilidad del arco, la protección gaseosa y la forma final del cordón. Ajustar correctamente la inclinación en función del tipo de junta y de la posición de trabajo permite asegurar una penetración adecuada, reducir defectos y mantener la continuidad de la protección del gas sobre el baño de fusión.

Durante el soldeo distinguimos dos ángulos fundamentales:

Ángulo de trabajo
- Formado entre la línea perpendicular a la superficie de la chapa y el eje del electrodo.

Ángulo de desplazamiento
- Inclinación de la pistola respecto a la dirección de avance. Este ángulo influye en la protección gaseosa y en la forma del cordón.

Ángulo de trabajo

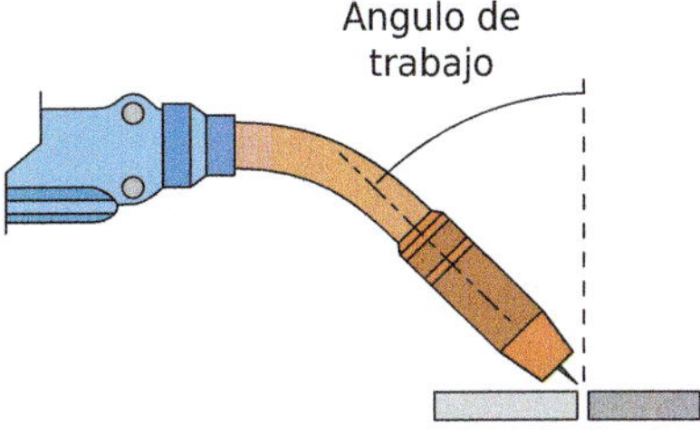

Ángulo de desplazamiento

Ángulo de inclinación de trabajo y ángulo de desplazamiento

El valor concreto de estos ángulos dependerá tanto de la **geometría de la junta** como de la **posición de soldeo.**

5.1. Inclinación de la pistola dependiendo de la geometría de la junta

El tipo y la geometría de la junta determinan la inclinación de la pistola tal y como se observa a continuación:

- **Junta a tope.** En chapas a tope, ya sea con o sin preparación de bordes, se busca la penetración completa del espesor. Para ello:
  - Ángulo de trabajo: 0° (perpendicular a la superficie).
  - Ángulo de desplazamiento: entre 10° y 15° hacia la dirección de avance.

  Esta posición ofrece buena visibilidad y control del baño fundido.

- **Junta a solape.** En uniones solapadas de chapas, la dificultad principal es distribuir el calor de forma homogénea en ambos bordes. Para ello:

  - Ángulo de trabajo: ligeramente inclinado (5°-10°) hacia el borde superior.
  - Ángulo de desplazamiento: 5°-15° hacia la dirección de avance.

  Un mal control puede provocar falta de fusión en el borde inferior.
- **Junta a filete.** Se produce cuando dos chapas se unen formando un ángulo, normalmente de 90°:

  - Ángulo de trabajo: inclinado 45° respecto a cada chapa, buscando repartir el baño en ambas caras.
  - Ángulo de desplazamiento: 5°-15° hacia el sentido de avance.

  La clave es mantener la simetría del cordón y la correcta protección gaseosa en la raíz del filete.

Posiciones de boquilla y pistola

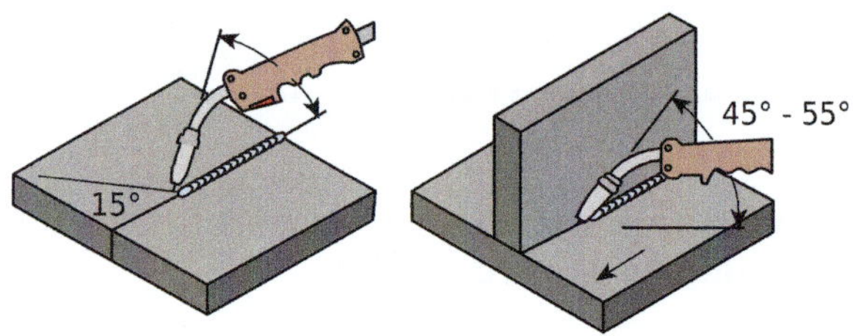

Inclinación de pistola de soldadura en unión a tope y a filete

5.2. Posiciones de soldeo y ángulos recomendados

La inclinación de la pistola debe adaptarse a la posición en la que se realiza la soldadura sobre la chapa:

- Posición plana (PA/1G):

  - Ángulo de trabajo: 0° (electrodo perpendicular a la chapa).
  - Ángulo de desplazamiento: 10°-15° hacia la dirección de avance.
  - Permite máxima estabilidad del arco y control sencillo del baño.

- Posición horizontal (PB/2G):
  - Ángulo de trabajo: 0° respecto a la superficie de la junta.
  - Ángulo de desplazamiento: 5°-15°, ligeramente inclinado hacia el cordón inferior.
  - Reduce el riesgo de que el metal fundido caiga por gravedad.
- Posición vertical (PC/3G):
  - Ascendente:
    - Ángulo de trabajo: 0°.
    - Ángulo de desplazamiento: 10°-15° hacia arriba.
    - Requiere movimiento en zigzag corto para controlar el baño.
  - Descendente:
    - Ángulo de trabajo: 0°.
    - Ángulo de desplazamiento: 5°-10° hacia abajo.
    - Avance rápido para evitar acumulación de material.
- Posición sobrecabeza (PE/4G):
  - Ángulo de trabajo: 0°-10°, procurando mantener el electrodo lo más perpendicular posible.
  - Ángulo de desplazamiento: 5°-10° hacia el avance.
  - Necesita arco corto y velocidad algo superior para evitar goteo.

ACTIVIDAD COMPLEMENTARIA

16. Busca en internet un vídeo explicativo sobre las diferentes posiciones de soldeo de chapas según la norma AWS.

6. Sentido de avance en la aportación de material

HILO CONDUCTOR

En la siguiente práctica del taller, Samuel se dio cuenta de que el simple hecho de inclinar ligeramente la pistola hacia delante o hacia atrás modificaba la forma del cordón. Al preguntar al instructor, este le explicó que esa diferencia tenía que ver con el sentido de avance de la aportación del material, un aspecto esencial para controlar la penetración, la protección del gas y la apariencia final de la soldadura en chapas.

El sentido de avance durante la soldadura MAG se relaciona directamente con la orientación de la pistola respecto a la dirección de movimiento. Esta elección condiciona la protección del baño de fusión, la profundidad de penetración, la velocidad de solidificación y la apariencia superficial del cordón. Existen principalmente dos técnicas: avance por empuje y avance por arrastre, que deben seleccionarse según el tipo de junta, el espesor de la chapa y los requisitos de la unión.

6.1. Avance por empuje (*push* o soldadura a izquierdas)

En esta técnica, la pistola se inclina **en la dirección del avance,** de modo que el gas protector precede al arco y el baño de fusión queda siempre dentro de la atmósfera protectora.

Sus características principales son:

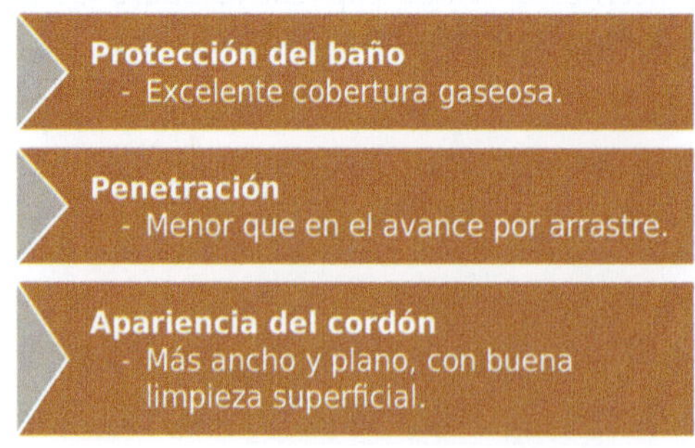

Continúa en página siguiente >>

<< Viene de página anterior

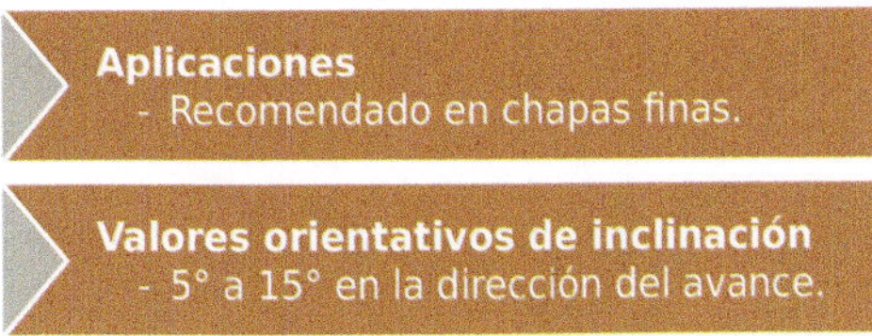

Aplicaciones
- Recomendado en chapas finas.

Valores orientativos de inclinación
- 5° a 15° en la dirección del avance.

Soldadura a izquierdas

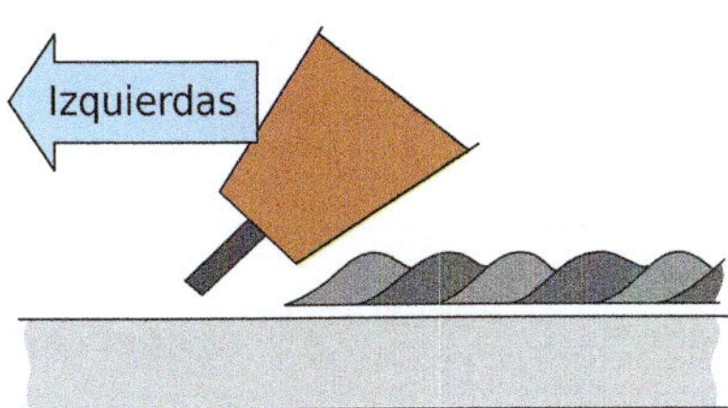

6.2. Avance por arrastre (*pull* o *drag*, o soldadura a derechas)

En esta técnica, la pistola se inclina **en sentido contrario al avance,** lo que provoca que el arco vaya tirando del baño de fusión.

Sus características principales son:

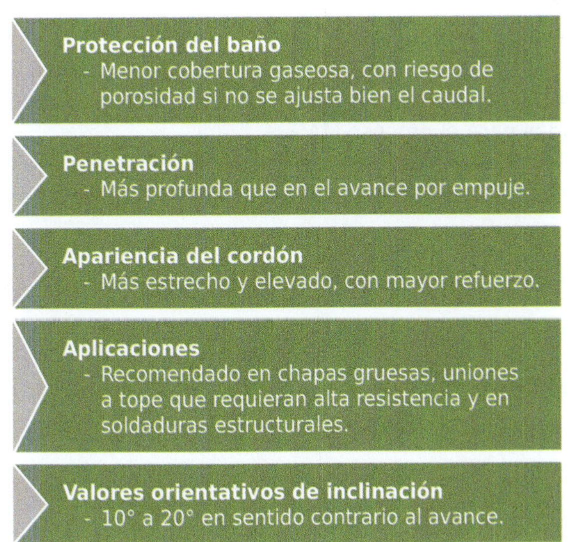

Protección del baño
- Menor cobertura gaseosa, con riesgo de porosidad si no se ajusta bien el caudal.

Penetración
- Más profunda que en el avance por empuje.

Apariencia del cordón
- Más estrecho y elevado, con mayor refuerzo.

Aplicaciones
- Recomendado en chapas gruesas, uniones a tope que requieran alta resistencia y en soldaduras estructurales.

Valores orientativos de inclinación
- 10° a 20° en sentido contrario al avance.

Soldadura a derechas

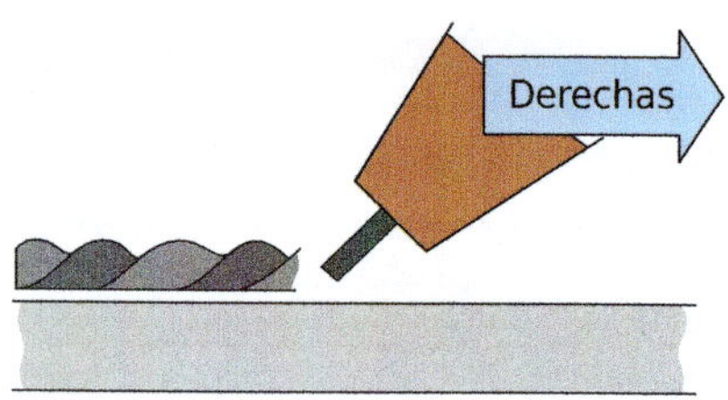

A continuación, puedes ver una tabla comparativa de los dos tipos de avance.

Técnica de avance	**Protección del baño**	**Penetración**	**Apariencia del cordón**	**Aplicaciones recomendadas**
Empuje *(push)*	Muy buena	Menor	Ancho, plano y limpio	Chapas finas, inoxidables, acabados estéticos
Arrastre *(pull)*	Moderada, depende del caudal	Mayor	Estrecho, más alto y reforzado	Chapas gruesas, uniones críticas y estructurales

ACTIVIDAD COMPLEMENTARIA

17. Consulta manuales técnicos o catálogos de fabricantes de gases industriales y elabora un informe sobre las nuevas mezclas de gases protectores desarrolladas para el proceso MAG.
    Analiza qué ventajas presentan frente a las mezclas tradicionales en términos de productividad, acabado superficial y reducción de proyecciones.

7. Distancia pistola-pieza

HILO CONDUCTOR

Mientras avanzaba en la práctica, Samuel notó que, en ocasiones, el arco se volvía inestable y la proyección metálica aumentaba. El instructor le explicó que la causa era una mala regulación de la distancia entre la boquilla de la pistola y la chapa, un detalle aparentemente sencillo, pero decisivo para la estabilidad del arco y la calidad del cordón.

La **distancia pistola-pieza,** también conocida como ***stick-out*** (longitud libre de hilo entre la boquilla y el punto de fusión), es un parámetro clave en el proceso MAG. Su control asegura una **transferencia estable del metal, una correcta protección gaseosa y un consumo óptimo de material.** Una variación excesiva, tanto por exceso como por defecto, genera defectos en el cordón y reduce la eficiencia del proceso.

7.1. Distancia recomendada en chapas de acero al carbono

La distancia óptima depende del diámetro del hilo y del tipo de proceso (MIG/MAG). En el caso de chapas de acero al carbono en el proceso MAG, los valores orientativos son:

- Hilos sólidos: 8 a 12 mm.
- Hilos tubulares: 15 a 25 mm.

Mantenerse dentro de estos rangos garantiza que el arco sea estable, el baño esté bien protegido y el material de aporte se funda con eficiencia.

NOTA

Para evitar desviaciones involuntarias, el soldador debe apoyarse en referencias visuales o utilizar ligeros apoyos de la mano, garantizando así que la distancia se conserve constante en todo momento.

7.2. Consecuencias de una distancia incorrecta

Si las recomendaciones de distancia óptima entre pistola e hilo no se tienen en cuenta, se producen una serie de consecuencias en la soldadura.

A continuación, podemos ver reflejadas estas consecuencias:

Distancia	Consecuencia en el arco	Consecuencia en el cordón
Demasiado corta	Arco inestable, riesgo de cortocircuito	Cordón irregular, exceso de penetración y salpicaduras
Demasiado larga	Arco débil, pérdida de energía	Cordón estrecho, mala penetración, riesgo de porosidad

7.3. Factores que influyen en la distancia

Los factores serían:

Diámetro del hilo
- A mayor diámetro, mayor longitud libre recomendada.

Tipo de transferencia
- En espray o globular, suele requerirse una distancia mayor que en cortocircuito.

Posición de soldadura
- En posiciones vertical y sobrecabeza, se aconseja reducir ligeramente la distancia para controlar mejor el baño de fusión.

La correcta distancia pistola-pieza también favorece el aprovechamiento del gas protector, optimizando el consumo y asegurando que la protección del baño sea completa, incluso en entornos con corrientes de aire o ventilación.

8. Técnica de soldeo en las diferentes posiciones de soldadura

HILO CONDUCTOR

Samuel se encuentra en el taller realizando prácticas con chapas de acero al carbono. Al principio trabajaba siempre en posición plana, donde obtenía cordones regulares y fáciles de controlar. Sin embargo, el instructor le advierte que en la realidad de la industria no siempre podrá soldar en condiciones cómodas. En estructuras, montajes o reparaciones, deberá dominar posiciones más exigentes, como la horizontal, la vertical o incluso la sobrecabeza. Samuel comprende entonces que el verdadero dominio de la soldadura MAG no está solo en regular bien la máquina, sino en adaptar su técnica a la posición de soldeo para mantener la calidad del cordón bajo cualquier circunstancia.

Cada posición impone **retos específicos** relacionados con la **gravedad,** la **fluidez del baño metálico,** la **penetración del cordón** y la **visibilidad del arco.** Por ello, la técnica de soldeo debe ajustarse cuidadosamente, considerando parámetros como la inclinación de la pistola, el sentido de avance, la velocidad de desplazamiento y la longitud libre del hilo.

Dominar estas posiciones es un requisito esencial en la formación de un soldador, pues de ellas depende que las uniones cumplan los criterios de resistencia, estética y seguridad exigidos en los procedimientos de fabricación.

8.1. Posición plana (PA o 1G, 1F según AWS)

La posición plana es la más sencilla y estable para el operario. La gravedad ayuda a que el metal fundido permanezca en el baño, reduciendo riesgos de caída y facilitando la penetración uniforme. Es la posición ideal para prácticas iniciales y soldaduras de producción en taller. En dicha posición, se recomienda:

- Ángulo de trabajo: 90° respecto a la superficie de la chapa.
- Ángulo de desplazamiento: 10-15° en la dirección de avance.
- *Stick-out:* 10-15 mm.
- Técnica: cordón recto o con ligera oscilación transversal para ensanchar el cordón.

La mayor ventaja de esta posición es la estabilidad del arco y el control del baño. El riesgo asociado es el sobreespesor si se avanza muy lento.

Soldadura en posición plana (© Imagen generada por IA / Shutterstock)

8.2. Posición horizontal (PB o 2G, 2F según AWS)

La soldadura en posición horizontal presenta un desafío: la gravedad hace que el metal fundido tienda a caer hacia la parte inferior de la junta, lo que puede generar cordones irregulares. Para compensarlo, es necesario ajustar tanto la inclinación de la pistola como la técnica de movimiento. Habría que tener en cuenta las siguientes recomendaciones:

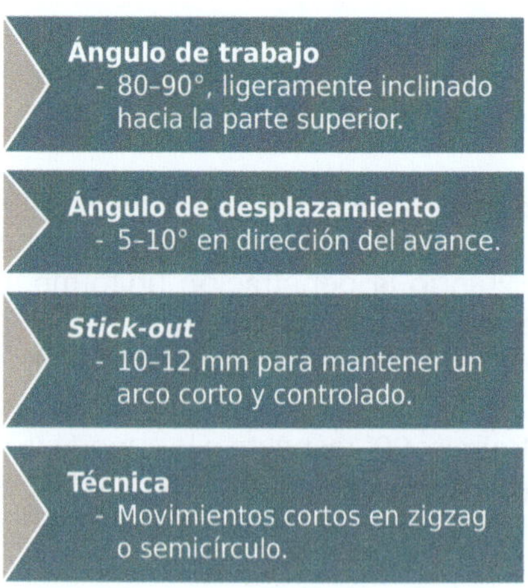

Su ventaja es la buena accesibilidad en estructuras montadas. Su riesgo es la acumulación del baño en el borde inferior si se avanza demasiado lento.

Soldadura a filete en posición horizontal

8.3. Posición vertical (PC/3G, 3F según AWS)

En esta posición, la soldadura se realiza sobre una junta vertical. Aquí, la gravedad actúa en contra, haciendo que el baño tienda a descender. Esto obliga a un control cuidadoso de la técnica de avance, especialmente en cordones de raíz y relleno. Es recomendable:

- Ángulo de trabajo: 90° (perpendicular a la chapa).
- Ángulo de desplazamiento:
  - **Ascendente (vertical *up*):** 10-15° hacia arriba.
  - **Descendente (vertical *down*):** 5-10° hacia abajo (para cordones finos o chapas delgadas).
- *Stick-out:* máximo 10 mm para mayor estabilidad.
- Técnica: en vertical ascendente, se recomienda movimiento en V o zigzag corto; en descendente, un avance rápido y recto.

La ventaja la técnica vertical ascendente es que se obtiene buena penetración y cordones resistentes. El riesgo de la técnica vertical descendente es la menor resistencia mecánica y un mayor riesgo de defectos.

Operario realizando una soldadura en posición vertical

TAREA 7

Durante una práctica supervisada, el compañero de Samuel debe realizar un cordón de ángulo en posición vertical ascendente (3F) sobre dos chapas de acero al carbono de 6 mm. Mientras se prepara para soldar, duda sobre cómo orientar la pistola y qué tipo de movimiento debe aplicar para obtener un cordón estable y con buena penetración. Samuel quiere ayudarle, ¿qué consejos debería darle?

8.4. Posición sobrecabeza (PE o 4G, 4F según AWS)

Es la posición más exigente y la que requiere mayor pericia. El soldador trabaja por debajo de la unión, lo que obliga a controlar la caída del baño y mantener una velocidad de avance precisa. Es importante tener en cuenta:

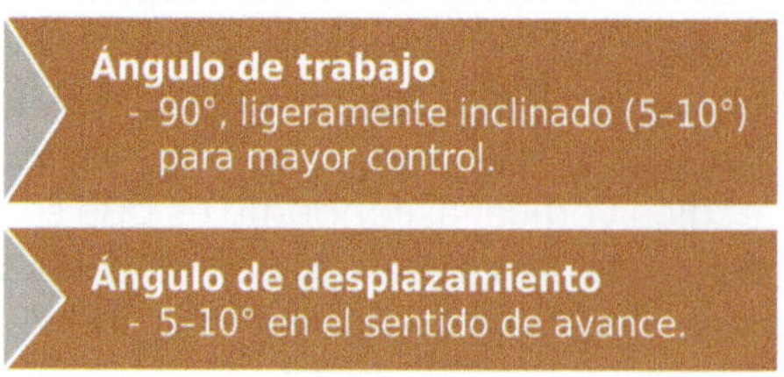

Continúa en página siguiente >>

<< Viene de página anterior

Stick-out
- Reducido (8-10 mm) para que el arco sea lo más estable posible.

Técnica
- Cordones cortos, oscilaciones mínimas y avance continuo para evitar acumulación de material.

Da la posibilidad de reparar o ejecutar uniones en estructuras fijas sin girar la pieza. Se le asocia alta dificultad, mayor probabilidad de proyecciones y defectos si no se controla el baño.

Operario realizando una soldadura en posición sobrecabeza

9. Distribución de los diferentes cordones de penetración, relleno y peinado

HILO CONDUCTOR

Samuel se encuentra en el taller frente a dos chapas de acero al carbono biseladas para formar una unión a tope de gran espesor. El supervisor le explica que, en este tipo de soldaduras, no basta con depositar un único cordón: es necesario planificar la secuencia de cordones de raíz, relleno y peinado para

Continúa en página siguiente >>

<< Viene de página anterior

garantizar la penetración completa, la resistencia mecánica y un acabado limpio. Samuel entiende entonces que la correcta distribución de los cordones no es una cuestión estética, sino un factor decisivo en la seguridad y la calidad estructural de la unión.

En la soldadura MAG de chapas de acero al carbono, la ejecución de cordones en varias pasadas es habitual cuando los espesores superan los 6-8 mm. La correcta distribución asegura:

- Una penetración total y uniforme en la raíz.
- El relleno progresivo del bisel, evitando defectos internos como inclusiones o falta de fusión.
- Un cordón final o de peinado que garantice la uniformidad superficial, la eliminación de posibles imperfecciones y la protección frente a corrosión o esfuerzos externos.

IMPORTANTE

La planificación y la distribución de los diferentes cordones de soldadura deben contemplar:

- **Tipo de junta** (bisel simple, doble bisel, en V, en X).
- **Espesor de las chapas.**
- **Posición de soldeo.**
- **Capacidad térmica de la pieza y control de deformaciones.**

9.1. Cordón de penetración o raíz

El cordón de raíz es el primero que se deposita y asegura la fusión completa en la parte más interna de la junta.

Su objetivo es garantizar la continuidad estructural y evitar la falta de penetración.

En el cordón de penetración es preciso:

- Utilizar intensidades y tensiones adecuadas para lograr un baño estable sin excesiva acumulación.
- Controlar la velocidad de avance para que el metal fundido no atraviese y provoque socavados en la cara opuesta.
- En caso de chapas muy gruesas, puede emplearse respaldo cerámico o metálico.

IMPORTANTE

Un cordón de penetración insuficiente no puede compensarse con las pasadas posteriores, y será motivo de rechazo en cualquier inspección visual o radiográfica.

9.2. Cordones de relleno

Se depositan de manera sucesiva para ir completando el bisel hasta casi su totalidad.

Su objetivo es rellenar el volumen de la unión, asegurando la ausencia de defectos internos.

En los cordones de relleno hay que tener en cuenta:

- Cada pasada debe solaparse ligeramente con la anterior para evitar la falta de fusión.
- Limpiar entre pasadas (cepillo metálico, limpieza mecánica ligera) para eliminar escorias o proyecciones.
- El número de cordones dependerá del espesor: más de 2 o 3 en espesores superiores a 12 mm.

Algunos errores comunes son el atrapamiento de escoria, la falta de solapamiento y las grietas en caliente por exceso de aporte térmico.

SABÍAS QUE...

En juntas de gran espesor se emplean secuencias específicas, como la técnica en escalera o en bloques, que ayudan a controlar la contracción y a reducir las tensiones internas.

9.3. Cordón de peinado o acabado

Es la última pasada, cuya finalidad es uniformar la superficie y dar el acabado definitivo.

Su objetivo es corregir posibles imperfecciones superficiales y mejorar el aspecto estético y funcional del cordón.

El cordón de peinado o acabado debe tener las siguientes características:

- Superficie lisa, sin salpicaduras ni mordeduras.
- Perfil levemente convexo, evitando sobreespesor excesivo.
- Transición suave con el material base para reducir concentraciones de tensiones.

A la hora de realizar el cordón de acabado se debe:

- Ajustar ligeramente la tensión para obtener buena fluidez.
- Mantener un ángulo constante para evitar ondulaciones.

Diferentes pasadas en la soldadura

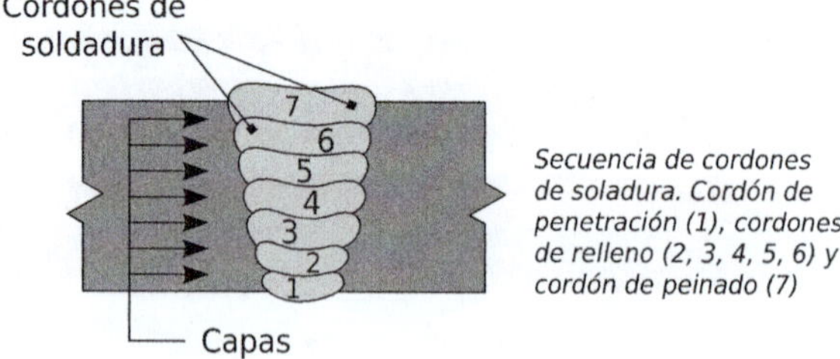

Secuencia de cordones de soldadura. Cordón de penetración (1), cordones de relleno (2, 3, 4, 5, 6) y cordón de peinado (7)

NOTA

La correcta ejecución del cordón de peinado facilita las inspecciones visuales y mejora la resistencia a la fatiga, especialmente en uniones sometidas a cargas dinámicas.

10. Tratamientos presoldeo

HILO CONDUCTOR

Samuel se disponía a realizar una serie de cordones en chapas de 30 mm de espesor cuando el instructor lo detuvo: antes de encender el arco, debía preparar el material correctamente. Aunque la máquina estuviera bien regulada y el hilo elegido fuera el adecuado, un mal estado de la superficie podía provocar defectos en la soldadura. Fue entonces cuando Samuel comprendió que el éxito de un buen cordón comienza antes de fundir el primer milímetro de metal: en los tratamientos presoldeo.

Los tratamientos presoldeo son aquellas operaciones previas que garantizan que la unión que soldar esté en las mejores condiciones posibles antes de la aplicación del cordón. Estos tratamientos influyen de manera decisiva en la estabilidad del arco, en la penetración del cordón, en la limpieza del metal fundido y, en definitiva, en la calidad mecánica y estética de la soldadura. Ignorarlos puede dar lugar a defectos como inclusiones de escoria, falta de fusión, porosidad, grietas o cordones de mala apariencia.

En el caso de las chapas de acero al carbono, los tratamientos presoldeo se centran principalmente en la limpieza, el acondicionamiento térmico y la correcta preparación geométrica de la unión.

10.1. Limpieza de la superficie

Antes de soldar, las superficies de las chapas deben quedar libres de óxido, cascarilla de laminación, grasa, humedad, pintura o cualquier sustancia extraña que pueda contaminar el cordón.

El objetivo de la limpieza de la superficie es conseguir un contacto metálico limpio que evite porosidades y facilite la correcta fusión del metal.

Los métodos más habituales que se usan para proceder a la limpieza de la superficie son:

- Cepillado manual o mecánico con cepillo de acero.
- Lijado o amolado ligero en la zona de la junta.
- Decapado químico, cuando se requiere eliminar capas más resistentes.

Chapas con presencia de óxido. Es importante eliminar los restos de óxido de las partes que se van a soldar para prevenir la presencia de defectos.

10.2. Eliminación de humedad

La humedad es una de las principales responsables de la aparición de poros en el cordón.

Por ello, es importante tener en cuenta las siguientes recomendaciones:

- Las chapas deben mantenerse secas y a temperatura ambiente antes de soldar.
- En entornos muy fríos o húmedos, se recomienda un **secado previo con aire caliente o lámparas térmicas** para eliminar la condensación.
- En caso de hilos tubulares, es aún más crítico, ya que el fundente interno es muy sensible a la humedad.

ACTIVIDAD COMPLEMENTARIA

18. Realiza una búsqueda de información sobre los métodos de limpieza de chapas antes del soldeo en la industria actual (chorreado, limpieza química, cepillado mecánico, etc.).
    Compara sus ventajas, sus limitaciones y su coste, y explica cuál considerarías más adecuado en un taller de formación.

10.3. Precalentamiento (cuando es necesario)

En chapas de cierto espesor o con elevado contenido en carbono, el precalentamiento es un paso clave. El objetivo del precalentamiento es reducir gradientes térmicos bruscos, evitar tensiones internas y minimizar el riesgo de **grietas en frío.**

Los aceros al carbono de bajo espesor no suelen requerirlo; sin embargo, los aceros al carbono de medio y alto espesor requieren un precalentamiento hasta los 100-200 °C según su espesor y su composición.

El precalentamiento se realiza habitualmente con soplete de gas o equipos eléctricos de inducción o resistencia.

Precalentamiento previo a la soldadura de la unión

10.4. Ajuste geométrico y punteado

Una parte del tratamiento presoldeo es asegurar la correcta alineación y fijación de las chapas:

El **biselado y la separación** adecuada de la junta son imprescindibles para garantizar una penetración completa en espesores elevados.

El **punteado** previo fija las piezas y evita movimientos indeseados por dilatación al iniciar el cordón. Estos puntos deben ejecutarse con buena fusión y limpieza, ya que forman parte de la unión definitiva.

10.5. Revisión final antes del soldeo

El último paso consiste en verificar que:

- Las chapas estén **alineadas y sujetas** con el punteado.
- La superficie de la junta esté **limpia, seca y libre de contaminantes**.
- El precalentamiento, en caso necesario, se haya realizado uniformemente.
- El espacio de raíz y la preparación geométrica correspondan al diseño de la unión.

APLICACIÓN PRÁCTICA

Samuel ha localizado en el taller un documento antiguo en el que se reflejan las recomendaciones previas al soldeo. Al leerlas, duda de ellas, ¿podrías indicar los errores y corregir la tabla?

Recomendaciones previas al soldeo
- Mantener la chapa húmeda para mejorar la protección del arco. - Retirar el óxido solo si es muy grueso, el fino no afecta. - Precalentar siempre a más de 300 °C, sin importar el espesor. - Puntear únicamente en un extremo de la chapa. - Soldar directamente sin comprobar la alineación de las piezas. - Dejar el embalaje plástico puesto en la zona de soldeo.

Solución

Recomendaciones previas al soldeo
- Mantener la chapa seca y libre de humedad. - Retirar todo tipo de óxido, pintura o grasa. - Precalentar solo cuando el espesor o la composición lo requieran (100-200 °C en ciertos casos). - Puntear en los extremos y a intervalos regulares en la junta. - Revisar siempre la alineación y la fijación antes de soldar. - Retirar cualquier embalaje o material extraño de la zona.

11. Aplicación práctica de soldeo de chapas de acero al carbono en diferentes posiciones con hilo sólido

HILO CONDUCTOR

Samuel se dispone a unir chapas en distintas posiciones. Observa que, en la soldadura, la superficie continua favorece la propagación del calor y, si no se controla adecuadamente, puede generar deformaciones, socavados o falta de penetración. Samuel tendrá que dominar la preparación, los parámetros y la técnica en posiciones variadas para obtener cordones regulares y resistentes.

La unión de piezas formadas por chapas metálicas constituye la base de la mayoría de las estructuras de acero. La capacidad de realizar cordones de calidad en diferentes posiciones determinará la **resistencia y la seguridad** de una construcción.

11.1. Preparación de las chapas

La preparación previa resulta fundamental para garantizar un buen resultado. Las superficies que unir deben estar perfectamente limpias, libres de óxido, grasa o pintura, de modo que el arco actúe directamente sobre el metal base. En función de la unión y del espesor, puede ser necesario biselar los bordes para asegurar la penetración. La correcta fijación en bancada, utilizando sargentos o plantillas, evita desplazamientos durante el soldeo y asegura que la separación entre chapas se mantenga uniforme en toda la longitud del cordón.

IMPORTANTE

Una mala preparación de las chapas es una de las causas más comunes de defectos. Si la holgura entre bordes es irregular, aparecen problemas de falta de fusión, excesos de material o deformaciones que dificultan la continuidad del cordón.

11.2. Ajuste de parámetros

El soldeo de chapas no admite improvisación: es imprescindible adaptar los parámetros de la máquina a cada situación. La intensidad y la tensión de arco varían en función del espesor y la posición. En chapas delgadas conviene reducir el aporte energético para evitar perforaciones, mientras que en chapas más gruesas se requiere aumentar la intensidad para alcanzar la penetración adecuada.

El gas protector, habitualmente una mezcla de argón y dióxido de carbono, debe regularse con un caudal constante que proteja eficazmente la zona de fusión. El diámetro de hilo sólido más empleado es de 0,8 a 1,0 mm, aunque también se pueden utilizar otros según la aplicación.

SABÍAS QUE...

El sonido del arco es un buen indicador de los parámetros. Un zumbido estable indica una regulación correcta, mientras que un chisporroteo irregular suele ser síntoma de exceso de velocidad de hilo o tensión inadecuada.

11.3. Posiciones de soldeo

El soldeo de chapas debe practicarse en todas las posiciones para lograr la destreza completa del soldador. Además, en todo proyecto de estructuras metálicas se realizarán soldaduras en diferentes posiciones:

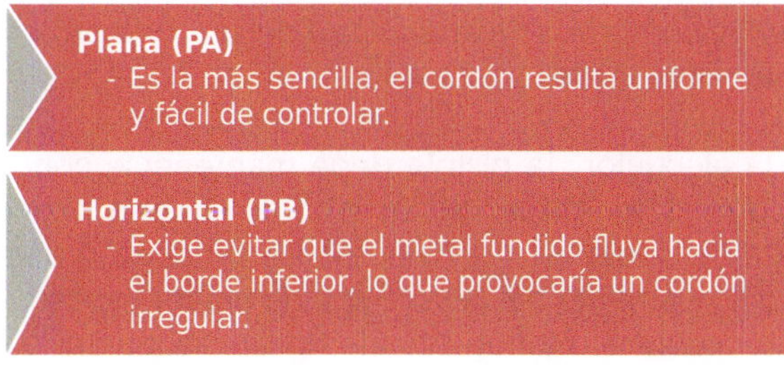

Continúa en página siguiente >>

<< Viene de página anterior

Vertical ascendente (PC)
- Requiere un movimiento triangular o de zigzag para sostener el baño de fusión y obtener buena penetración.

Vertical descendente (PD)
- Utilizada en chapas delgadas, se caracteriza por su rapidez, aunque con riesgo de falta de fusión si se abusa de la velocidad.

Sobrecabeza (PF)
- La más compleja; obliga a realizar cordones cortos, con un control estricto del ángulo de la pistola y de la progresión.

IMPORTANTE

El dominio de la posición sobrecabeza resulta indispensable para trabajos de montaje en los que no es posible girar la pieza. La seguridad estructural depende en gran medida de la capacidad del soldador para ejecutar un cordón fiable incluso en las condiciones menos favorables.

11.4. Procedimiento de ejecución

Una vez colocadas y fijadas las chapas en la posición deseada, se regula la máquina y se realiza un cordón de prueba sobre una probeta auxiliar. Este paso permite comprobar la estabilidad del arco y la protección del gas antes de trabajar sobre la pieza definitiva.

Durante la ejecución, la pistola debe mantenerse con la inclinación adecuada según el tipo de unión. En el soldeo a tope, el ángulo con respecto a la superficie suele ser de 70 a 80°. En un cordón de ángulo horizontal, se orienta ligeramente hacia la chapa de mayor espesor. En vertical ascendente, la técnica más común es la de zigzag, asegurando la fusión en ambos bordes. En sobrecabeza, se recomienda avanzar despacio y con cordones cortos, manteniendo el baño lo más controlado posible.

Al finalizar, la pieza debe dejarse enfriar de forma natural, y se procede a limpiar el cordón, retirando las proyecciones y verificando su acabado superficial.

11.5. Inspección y control de calidad

El control visual permite evaluar rápidamente la calidad del trabajo. Los cordones deben presentar continuidad, simetría y una dimensión de garganta adecuada. La penetración debe ser suficiente, sin mostrar porosidad, mordeduras ni falta de fusión. En un taller de producción, estas uniones pueden someterse a ensayos complementarios —como líquidos penetrantes o ultrasonidos— para asegurar que no existen defectos internos.

TAREA 8

En el nuevo proyecto que se está ejecutando en el taller de Samuel, son numerosas las uniones a tope de dos chapas de acero al carbono de 10 mm de espesor preparadas con bisel en V, en posición horizontal (PB).

El supervisor de soldadura le pide que les explique a los compañeros cómo deben proceder en la ejecución, indicando también los ángulos de trabajo y de desplazamiento de la pistola. ¿Qué le indicarías?

ACTIVIDAD COMPLEMENTARIA

19. Elabora una *checklist* de inspección previa al soldeo. Elabora dicho listado con al menos seis ítems.

12. Resumen

El dominio de los procedimientos operatorios en el soldeo MAG de chapas de acero al carbono resulta esencial para alcanzar cordones de calidad, libres de defectos y adaptados a los distintos espesores y posiciones de trabajo. La correcta comprensión de las formas de transferencia metálica —cortocircuito, globular, espray o pulsada— permite seleccionar la más adecuada según el material, la posición y los requisitos de producción, optimizando la penetración y el acabado superficial.

El ajuste de los parámetros principales, como la polaridad, el diámetro del hilo, la intensidad, la tensión de arco, el caudal de gas y la longitud libre de hilo, influye de manera directa en la estabilidad del arco y en el control del baño de fusión. Una regulación inadecuada puede dar lugar a proyecciones, falta de fusión o deformaciones, mientras que un control preciso garantiza cordones uniformes y resistentes.

Las técnicas de soldeo en diferentes posiciones y la inclinación correcta de la pistola requieren atención especial en el caso de chapas, donde la distribución equilibrada de cordones y el control de la temperatura evitan tensiones internas, alabeos o grietas. Del mismo modo, los tratamientos presoldeo y las medidas de limpieza aseguran que las superficies estén libres de óxido, humedad o contaminantes, reduciendo el riesgo de defectos asociados a la falta de preparación.

La aplicación práctica de estos procedimientos en chapas de acero al carbono permite al soldador integrar teoría y destreza manual, fortaleciendo tanto la calidad técnica como la seguridad del trabajo. En definitiva, dominar los parámetros, las técnicas y las medidas preventivas en el proceso MAG sobre chapas no solo garantiza uniones duraderas y fiables, sino que también mejora la productividad y la eficiencia en el taller.

Ejercicios de autoevaluación Unidad de Aprendizaje 6

1. **Determina si la siguiente oración es verdadera o falsa: "La correcta preparación de las juntas en chapas de acero al carbono es fundamental para garantizar la calidad de la soldadura".**

   - Verdadero
   - Falso

2. **¿Qué forma de junta se emplea habitualmente en chapas delgadas que no superan los 5 mm de espesor?**

   ____

   ____

3. **La transferencia metálica por cortocircuito se recomienda en:**

   a. Chapas de gran espesor en posición plana.
   b. Chapas finas y posiciones forzadas.
   c. Aplicaciones críticas con alta exigencia de penetración.
   d. Chapas finas y posiciones forzadas.

4. **Completa la siguiente oración:**

   La transferencia por __________ genera gotas de mayor tamaño que el diámetro del hilo y produce un arco inestable con abundantes proyecciones.

5. **Indica dos parámetros que influyen directamente en la estabilidad del arco durante el soldeo MAG de chapas.**

   ____

   ____

6. **El diámetro de hilo más adecuado para soldar chapas finas de acero al carbono es:**

   a. 1,6 mm.
   b. 0,8 mm.

c. 1,2 mm.
d. 0,8 mm.

7. ¿Qué consecuencias puede tener una distancia pistola-pieza excesiva durante el soldeo de chapas?

____
____

8. Relaciona cada posición de soldeo con su denominación:

a. Posición plana
b. Posición horizontal
c. Posición vertical
d. Posición sobrecabeza

__ PB/2G - 2F.
__ PA/1G - 1F.
__ PC/3G - 3F.
__ PE/4G - 4F.

9. Antes del soldeo de chapas, ¿qué tratamientos presoldeo se deben aplicar?

____
____

10. Explica brevemente la función del cordón de peinado en la soldadura de chapas.

____
____
____
____

Unidad de aprendizaje 7

Procedimientos operatorios en el soldeo MAG de perfiles normalizados de acero al carbono

Contenido

Objetivos

Los objetivos específicos de esta Unidad de Aprendizaje son:

- → Identificar los tipos y las características de los perfiles normalizados empleados en estructuras metálicas, reconociendo su designación, sus dimensiones y las aplicaciones más comunes en procesos de soldeo MAG.
- → Seleccionar la forma de transferencia metálica más adecuada en función del espesor del material, la posición de soldeo y los parámetros de trabajo.
- → Regular los parámetros principales del proceso MAG, comprendiendo la influencia de la polaridad, la tensión de arco, la intensidad de corriente, el diámetro y la velocidad de alimentación del hilo, así como la naturaleza y el caudal del gas protector sobre la calidad del cordón.
- → Aplicar correctamente la inclinación de la pistola según el tipo de junta y la posición de soldeo, optimizando la penetración, el perfil del cordón y la estabilidad del arco.
- → Determinar el sentido de avance y la distancia pistola-pieza más adecuados para garantizar una transferencia estable y evitar defectos típicos como proyecciones o falta de fusión.
- → Conocer las características de las técnicas de soldeo en las distintas posiciones (plana, horizontal, vertical y sobrecabeza), aplicando los movimientos de oscilación y avance apropiados para cada caso.
- → Identificar la distribución de los cordones de penetración, relleno y peinado, asegurando la correcta secuencia de deposición y el control térmico para evitar tensiones residuales y deformaciones.
- → Evaluar la aplicación de tratamientos presoldeo adecuados en función del tipo de acero y del espesor, comprendiendo su finalidad y sus condiciones de ejecución.
- → Comprender las aplicaciones prácticas de soldeo MAG de perfiles normalizados de acero al carbono en diferentes posiciones, ajustando los parámetros del equipo y verificando la calidad del cordón mediante inspección visual.

1. Introducción

En el proceso de fabricación y montaje de estructuras metálicas, la soldadura MAG *(Metal Active Gas)* se ha consolidado como uno de los métodos más versátiles y productivos para la unión de aceros al carbono. Su capacidad para generar cordones de alta calidad, con una elevada tasa de deposición y un control preciso de los parámetros, la convierte en una técnica esencial en la industria de la construcción metálica, la calderería y la fabricación de componentes estructurales.

El dominio de las técnicas operativas en el soldeo MAG de perfiles normalizados de acero al carbono resulta fundamental para garantizar uniones resistentes, seguras y duraderas. En este tipo de trabajos, el operario no solo debe conocer las características de los perfiles y las juntas, sino también comprender cómo cada parámetro de regulación —la tensión, la intensidad, la polaridad o la velocidad de alimentación del hilo— influye directamente en la estabilidad del arco y en la calidad del cordón.

Asimismo, la correcta inclinación y distancia de la pistola, el sentido de avance y la técnica de soldeo en las diferentes posiciones son factores determinantes para evitar defectos como la falta de penetración, la porosidad o las mordeduras. La adecuada distribución de los cordones y la aplicación de tratamientos presoldeo completan el conjunto de competencias que permiten obtener uniones homogéneas y confiables.

Para desarrollar las habilidades de soldeo MAG en perfiles, es muy importante ajustar el equipo de soldeo, regular los parámetros operativos y ejecutar el soldeo de perfiles normalizados en distintas posiciones, aplicando criterios de calidad, seguridad y eficiencia energética. Además, es preciso conocer la importancia de los tratamientos térmicos y las técnicas de limpieza.

Samuel inicia una nueva fase de su formación en el taller. Su encargado le encomienda un trabajo más complejo: soldar varios perfiles normalizados de acero al carbono destinados a una estructura de soporte.

Antes de comenzar, Samuel deberá examinar las características de los perfiles, seleccionar la forma de transferencia más adecuada y ajustar los parámetros del equipo MAG para obtener un cordón limpio, penetrado y sin defectos. La tarea pondrá a prueba su capacidad para combinar técnica, observación y precisión, aplicando todo lo aprendido sobre el funcionamiento del equipo y las condiciones óptimas del arco.

2. Tipos y características de los perfiles normalizados

HILO CONDUCTOR

Samuel llegó esa mañana al taller con la misión de preparar varias piezas estructurales para un nuevo bastidor metálico. Al revisar los planos, observó distintas designaciones: IPE, HEB, UPN e incluso algunos perfiles conformados en C. Su supervisor aprovechó la ocasión para explicarle que, antes de elegir los parámetros de soldadura, es esencial conocer los tipos de perfiles normalizados y sus características, ya que cada uno presenta comportamientos mecánicos diferentes y exige una técnica de unión adecuada.

Un **perfil de acero** puede definirse como una barra metálica de gran longitud cuya sección transversal mantiene una forma constante y característica, diseñada para soportar esfuerzos con la mínima cantidad de material posible. Esta geometría le permite resistir cargas de tracción, compresión, flexión o torsión de manera eficiente, optimizando tanto la resistencia como el peso total de la estructura.

Los **perfiles de acero al carbono** se emplean habitualmente en construcciones metálicas, puentes, cubiertas o estructuras portantes. Aunque pueden trabajar a compresión, su uso más frecuente es en elementos sometidos a tracción o flexión, como vigas y cerchas.

Viga sometida a tracción y compresión debido a un esfuerzo de flexión

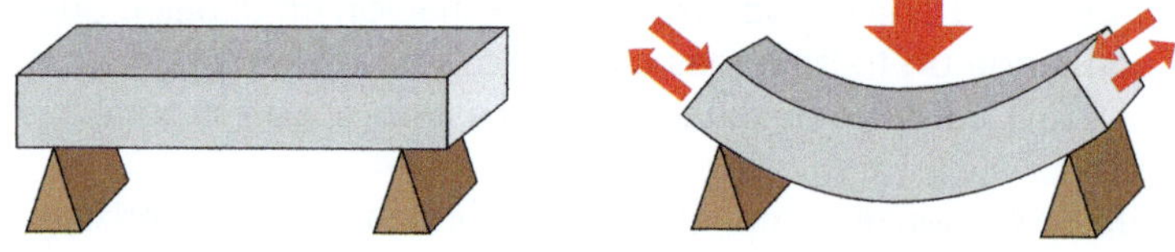

Una de las principales ventajas del empleo de perfiles de acero en la construcción es la **rapidez de montaje,** ya que permite levantar estructuras en un tiempo notablemente menor que el necesario para una obra similar ejecutada en hormigón. Además, las estructuras metálicas posibilitan **salvar grandes luces** con secciones reducidas, gracias a la elevada resistencia del material y su ligereza. En contrapartida, los costes del acero suelen ser más altos que los del hormigón, aunque la facilidad de transporte, montaje y desmontaje compensa en muchos casos esta diferencia.

La **construcción en celosía** es un ejemplo característico del aprovechamiento estructural del acero: mediante el ensamblaje de perfiles se consiguen estructuras muy resistentes, capaces de cubrir amplias superficies sin necesidad de pilares intermedios, lo que deja zonas diáfanas y versátiles para su uso industrial o arquitectónico.

Estructura de vigas en celosía

En el mercado existe una amplia gama de perfiles metálicos, cada uno con dimensiones, geometrías y propiedades normalizadas conforme a normas internacionales (UNE, EN, DIN, ISO y ASTM, entre otras). La normalización garantiza la intercambiabilidad de piezas, la compatibilidad dimensional y la uniformidad en la calidad de los materiales.

Perfil de acero normalizado

Luz

En el ámbito de la construcción, se refiere a la distancia entre dos apoyos o pilares consecutivos sobre los que descansan una o varias vigas.

2.1. Tipos de perfiles metálicos

Cada tipo de perfil metálico presenta unas propiedades constructivas y mecánicas específicas que lo hacen idóneo para determinados esfuerzos estructurales. En general, los **perfiles de acero al carbono** pueden clasificarse en tres grandes grupos:

Perfiles de acero laminado

Los perfiles laminados se obtienen mediante la **aplicación de presión** continua entre rodillos hasta alcanzar la forma y las dimensiones deseadas. Este proceso puede realizarse en caliente o en frío, dependiendo del tipo de acero y de las propiedades que se busquen.

Los **perfiles laminados en frío** presentan una superficie más precisa y una mayor resistencia mecánica, ya que el material se deforma sin llegar a fundirse. Sin embargo, su fabricación requiere presiones muy elevadas, por lo que suele reservarse a piezas de pequeño espesor.

Por el contrario, el **laminado en caliente** resulta más versátil, ya que el calentamiento del acero lo vuelve más dúctil y permite obtener secciones de mayor tamaño con menor esfuerzo de laminación. Aunque las propiedades mecánicas son ligeramente inferiores, este método reduce las tensiones internas generadas durante el proceso.

Entre los perfiles laminados más utilizados destacan los siguientes:

- **Perfil IPN:** en forma de I o doble T, está especialmente diseñado para soportar esfuerzos de flexión a lo largo de su eje longitudinal. Es muy empleado en vigas principales.

Perfiles IPN

- **Perfil IPE:** similar al IPN, pero con las alas paralelas y de espesor uniforme, lo que facilita el atornillado y la unión mecánica con otras piezas.

Perfiles IPE

- **Perfiles HEB, HEA y HEM:** presentan alas más anchas y robustas, lo que los hace ideales para pilares o columnas sometidos a compresión. Su nomenclatura (A, B, M) indica la relación entre el ancho de las alas y el espesor del alma.

Perfiles HEB, HEA y HEM

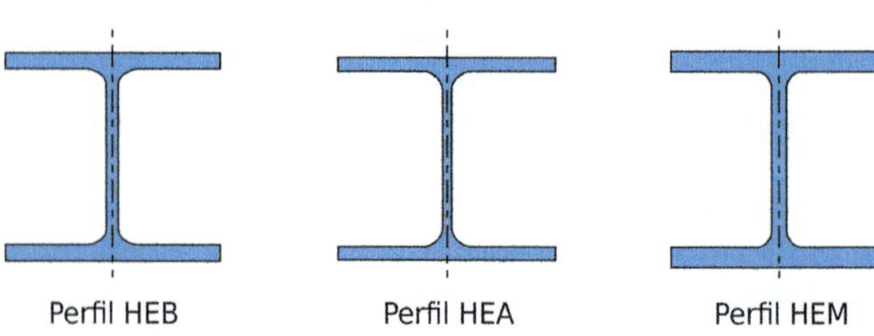

- **Perfil UPN:** con geometría en forma de U, es idóneo para resistir esfuerzos cortantes o de torsión. Se emplea en vigas secundarias, largueros o marcos.

Perfiles UPN

- **Perfiles L y LD:** de forma angular (L), se utilizan para soportar tracciones combinadas con pequeños esfuerzos de torsión o corte. En los perfiles LD, uno de los lados es más largo que el otro, lo que permite su uso en refuerzos o uniones asimétricas.

Perfiles L y LD

Angular de lados iguales (L) Angular de lados desiguales (LD)

- **Perfil T:** con forma de T, se usa en estructuras ligeras sometidas a esfuerzos moderados de tracción y flexión.

En la imagen aparecen perfiles tipo T.

En todos los casos, la parte central del perfil se denomina **alma,** mientras que los bordes horizontales se conocen como **alas.** Su proporción define la capacidad de resistencia ante distintos tipos de carga.

Alas y alma de un perfil metálico

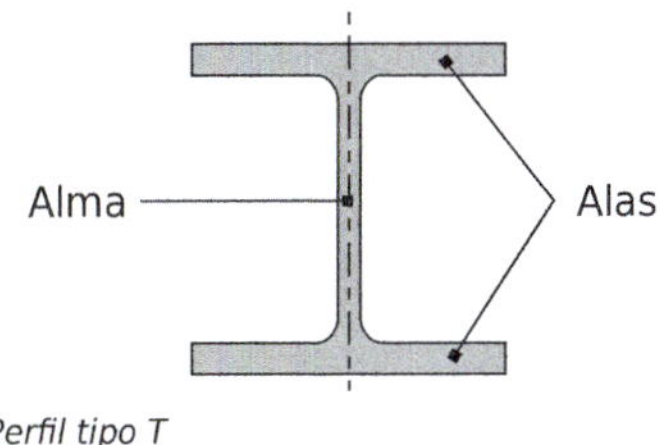

Perfil tipo T

ACTIVIDAD COMPLEMENTARIA

20. Localiza en la web una tabla con las características de distintos perfiles metálicos normalizados.

NOTA

La adecuada elección del perfil depende tanto del tipo de esfuerzo predominante como de las condiciones de montaje, la forma de unión y el procedimiento de soldeo que se vaya a emplear.

Continúa en página siguiente >>

<< Viene de página anterior

Perfiles laminados

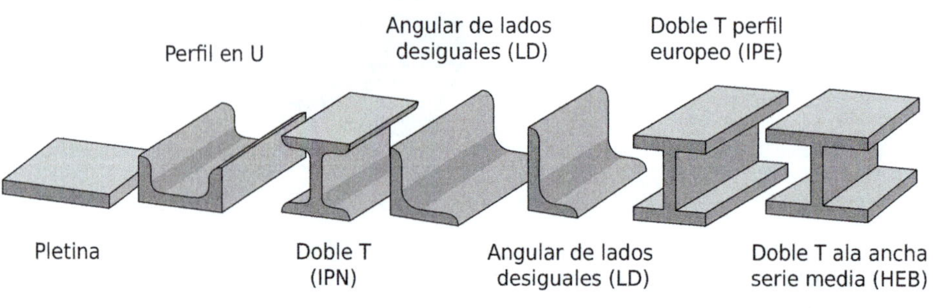

Perfiles de acero armado

Los perfiles armados se fabrican a partir de la unión soldada de varias láminas o chapas de acero al carbono, conformando secciones de geometría y dimensiones específicas. Este método permite obtener perfiles personalizados para grandes estructuras o para secciones no disponibles en el mercado.

Aunque su producción es más costosa y lenta que la de los perfiles laminados, ofrece la ventaja de poder adaptar las dimensiones del perfil a las necesidades del proyecto. Es habitual recurrir a este tipo de perfiles en vigas de gran tamaño o en estructuras donde se requieran propiedades mixtas.

Sin embargo, el proceso de soldadura puede generar deformaciones térmicas localizadas, especialmente en zonas de pequeño espesor. Por ello, deben aplicarse técnicas de control dimensional y procedimientos de soldeo adecuados para minimizar tensiones residuales.

Perfiles armados en taller de estructuras metálicas

Perfiles de acero conformado

Los perfiles conformados se obtienen mediante el doblado en frío de láminas o chapas de acero al carbono. Este procedimiento se utiliza principalmente para la fabricación de perfiles de pequeño espesor y geometría sencilla, tales como los perfiles tipo C, U, Z o L.

El conformado en frío proporciona un material con buenas características mecánicas, debido al endurecimiento por deformación, y presenta una superficie limpia y precisa. Sin embargo, este método está limitado en cuanto a las geometrías posibles, por lo que no resulta viable fabricar secciones complejas como los perfiles en H.

Su fabricación es sencilla y económica, lo que los convierte en una alternativa idónea para estructuras secundarias, cerramientos o refuerzos ligeros.

Perfiles de acero conformado tipo C

APLICACIÓN PRÁCTICA

Durante la fase de diseño de una nave industrial, Samuel participa en el proyecto de instalación de una grúa puente que debe desplazarse longitudinalmente para mover cargas pesadas. El cálculo estructural indica que las vigas carril necesarias superan las dimensiones comerciales disponibles. ¿Qué solución o soluciones deberá aportar Samuel al equipo de proyecto?

Solución

- Solicitar a un taller de calderería la fabricación de un perfil armado a medida mediante la unión soldada de chapas que reproduzcan la geometría necesaria.

Continúa en página siguiente >>

<< Viene de página anterior

- Alternativamente, diseñar una viga tipo celosía, formada por varios perfiles laminados unidos, que proporcione la resistencia requerida reduciendo el peso total de la estructura.

Ambas soluciones reflejan la importancia de comprender las características y las posibilidades de los perfiles normalizados, ya que permiten adaptar las soluciones constructivas a los requisitos reales de cada proyecto.

Como ambos trabajos han de realizarse en un taller de fabricación de acero, se estudiarían presupuestos para ambas soluciones y se decidiría la mejor opción en función de los costes y los tiempos de producción.

3. Selección de la forma de transferencia

HILO CONDUCTOR

Esa tarde, Samuel debía preparar una serie de soldaduras en estructuras de diferente espesor y posición. Al ajustar el equipo, observó que los resultados variaban notablemente según los parámetros seleccionados. Su instructor le explicó entonces que el tipo de transferencia metálica del hilo al baño de fusión influye de manera decisiva en la calidad del cordón, el aspecto superficial y el nivel de penetración. Comprender cómo se produce esa transferencia y saber elegir la más adecuada para cada trabajo es esencial para obtener resultados óptimos.

En el proceso MIG/MAG, la transferencia de metal fundido desde el electrodo a la pieza puede producirse de cuatro formas principales en función del tipo de gas, la corriente, el voltaje y el diámetro del hilo utilizado:

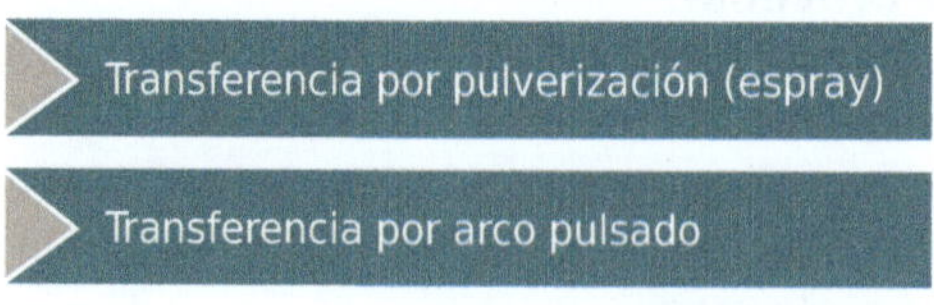

Continúa en página siguiente >>

<< Viene de página anterior

- Transferencia globular
- Transferencia por cortocircuito

Cada uno de estos modos presenta unas características propias y se adapta a determinadas posiciones de soldeo, espesores y tipos de trabajo.

Formas de transferencia de material

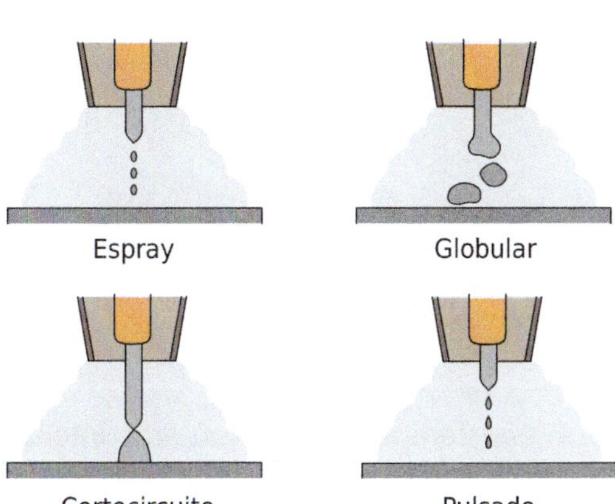

3.1. Transferencia por pulverización (espray)

La transferencia por pulverización se caracteriza por el desprendimiento de pequeñas gotas metálicas que atraviesan el arco a gran velocidad, desplazándose de forma continua hacia el baño de fusión. Estas gotas son impulsadas por las fuerzas electromagnéticas del arco, generando un chorro metálico estable y uniforme.

Este tipo de transferencia requiere altas intensidades de corriente y una atmósfera protectora rica en argón, lo que produce un arco muy estable y un cordón de excelente aspecto, con una penetración profunda y regular.

Por su elevada energía térmica, resulta ideal para la soldadura de piezas de gran espesor o cuando se necesita un alto aporte de material fundido para rellenar uniones amplias.

NOTA

Cuando un gas se calienta lo suficiente, sus partículas se ionizan y adquieren propiedades conductoras, dando lugar a lo que se conoce como estado de plasma. Este fenómeno permite la formación y la estabilidad del arco eléctrico, por el cual se transfiere el material de aporte.

Transferencia de metal mediante espray

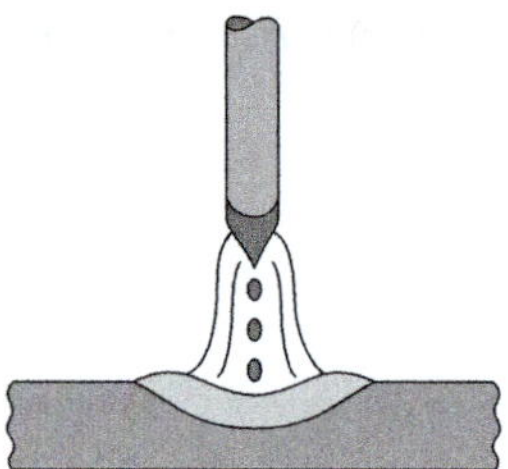

Modo de transferencia por pulverización o espray

Este sistema de transferencia genera un arco intenso, concentrado y cónico, lo que proporciona cordones lisos y uniformes. Sin embargo, debido al gran volumen de material fundido y a la alta temperatura del baño, se recomienda su uso solo en posición plana u horizontal, para evitar derrames o deformaciones durante la solidificación.

3.2. Transferencia por arco pulsado

En el modo de arco pulsado, la corriente varía entre dos niveles: una corriente base de baja intensidad que mantiene estable el arco y una corriente pico, de alta intensidad, que provoca la transferencia controlada de una gota de metal por cada impulso.

Este sistema combina la estabilidad y el acabado del modo por pulverización con un menor aporte térmico, lo que reduce tensiones internas y deformaciones en el material base. Además, permite controlar con precisión la cantidad de material depositado y ajustar la velocidad de soldeo en función de las necesidades.

Entre sus principales ventajas destacan:

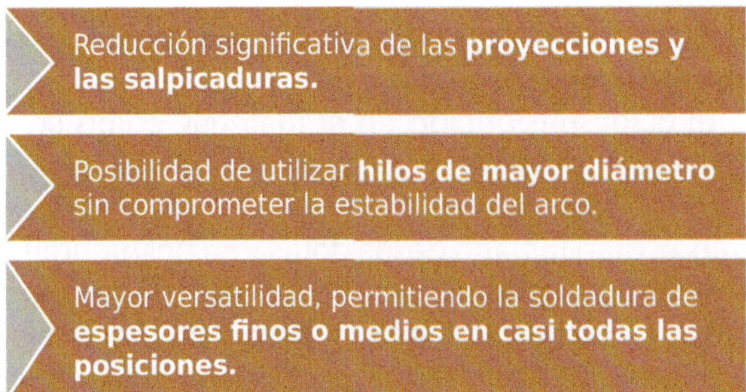

Proceso de soldadura mediante arco pulsado

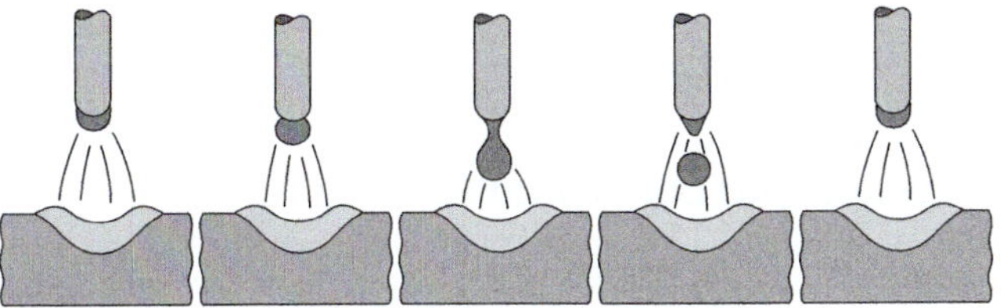

NOTA

Aunque el arco pulsado ofrece buena estabilidad, el soldador debe mantener una velocidad de avance uniforme y una distancia constante entre la punta del hilo y la pieza para evitar oscilaciones en la transferencia o excesos de calor localizados.

El modo de arco pulsado es especialmente útil en estructuras de acero inoxidable o aleaciones ligeras, donde el control térmico es esencial para evitar defectos metalúrgicos o deformaciones.

3.3. Transferencia globular

En la transferencia globular, el extremo del hilo fundido forma gotas de gran tamaño, generalmente superiores al diámetro del electrodo. Estas gotas se desprenden de manera irregular, desplazándose hacia la pieza por acción de la gravedad y con escasa intervención de las fuerzas electromagnéticas.

Este modo opera con bajas densidades de corriente, por lo que el baño fundido recibe un aporte térmico reducido. Se utiliza cuando es necesario minimizar el calor introducido en el material, como en piezas delgadas o sensibles a la deformación.

No obstante, el gran tamaño de las gotas y su desprendimiento irregular pueden originar falta de penetración, exceso de material depositado o cordones poco estéticos. Además, aumenta el riesgo de proyecciones y porosidad si no se controla adecuadamente el caudal del gas y los parámetros de soldeo.

Por estas razones, se emplea principalmente en posiciones planas y en aplicaciones de baja exigencia estructural, donde el aspecto o la resistencia del cordón no son determinantes.

3.4. Transferencia por cortocircuito

La transferencia por cortocircuito se produce cuando el extremo del hilo entra en contacto directo con el baño de fusión, generando un cortocircuito que eleva momentáneamente la intensidad de corriente. Esta corriente funde el extremo del hilo y permite que el material se transfiera en forma de pequeñas gotas, repitiéndose el ciclo decenas de veces por segundo.

Se trata de un modo de transferencia de baja energía y gran estabilidad ideal para espesores finos y posiciones forzadas (vertical ascendente o sobrecabeza), ya que permite controlar el tamaño del baño y evitar el goteo.

Al trabajar con tensiones e intensidades reducidas, el aporte térmico es limitado, lo que minimiza el riesgo de deformaciones. Sin embargo, si los parámetros no están correctamente ajustados, pueden generarse salpicaduras y defectos de penetración.

IMPORTANTE

Este tipo de transferencia es especialmente útil en trabajos de montaje o reparación, donde la precisión y el control del baño fundido son prioritarios frente a la velocidad de ejecución.

ACTIVIDAD COMPLEMENTARIA

21. Amplía información acerca de los modos de transferencia metálica. Puedes localizar un vídeo o un documento digital.

APLICACIÓN PRÁCTICA

En el taller de estructuras metálicas donde trabaja, Samuel recibe el encargo de realizar la unión soldada de dos perfiles de acero al carbono utilizando un equipo de soldadura MAG.

El encargado de taller le impone las siguientes condiciones:

- **Ejecución rápida, sin interrupciones.**
- **Alta penetración en la unión.**
- **Trabajo con materiales de gran espesor.**

Samuel debe analizar las condiciones y decidir qué modo de transferencia metálica es el más apropiado para obtener un cordón resistente y de buena calidad. ¿Cómo lo harías?

Solución

Dadas las condiciones indicadas —ejecución rápida, gran penetración y unión de espesores elevados—, el modo de transferencia más adecuado es la transferencia por pulverización (espray). Este tipo de transferencia genera un arco estable y concentrado en el que el material de aporte se transfiere en forma de finas gotas continuas, logrando una fusión profunda y un cordón uniforme. Además, permite trabajar a alta velocidad, obteniendo soldaduras de gran calidad y resistencia en perfiles de acero al carbono.

4. Regulación de los parámetros principales en la soldadura MAG de perfiles

HILO CONDUCTOR

Aquella mañana, Samuel debía preparar una serie de uniones entre perfiles de acero estructural. Al montar el equipo y ajustar los parámetros, notó cómo pequeños cambios en la intensidad, la tensión o el caudal de gas modificaban notablemente el aspecto del cordón. Su instructor le explicó que dominar la regulación de los parámetros de soldeo es tan importante como conocer la técnica o la postura del soldador. Solo un ajuste correcto permite lograr cordones estables, con buena penetración y sin defectos.

En el proceso de soldadura MAG, varios factores influyen directamente en la estabilidad del arco y en la calidad final del cordón: la polaridad, la tensión, la intensidad, la velocidad de alimentación del hilo y el gas protector. La regulación adecuada de todos ellos garantiza una transferencia de material correcta, una fusión uniforme y una soldadura libre de imperfecciones.

4.1. Polaridad

En la soldadura MAG se emplea **corriente continua,** ya que la corriente alterna provocaría un arco inestable e irregular. Existen dos posibles configuraciones:

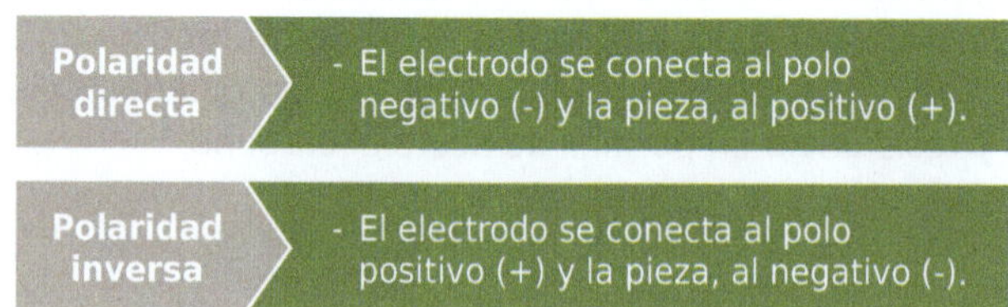

La polaridad inversa es la más utilizada en soldadura MAG, pues proporciona un arco estable, una transferencia fluida del metal y un cordón con buena penetración y aspecto regular. Por el contrario, la polaridad directa se reserva para casos específicos en los que se busca una mayor deposición de material o cordones más anchos, ya que concentra el calor sobre la pieza en lugar de en el hilo.

4.2. Tensión de arco

La tensión de arco se regula desde el generador y controla tanto la longitud del arco como la forma y la penetración del cordón. Un ajuste incorrecto puede generar problemas importantes:

- Si la tensión es **demasiado alta,** el arco se alarga y se dispersa, afectando a una superficie amplia con poca profundidad. El resultado son **cordones anchos, con mordeduras y proyecciones.**
- Si la tensión es **demasiado baja,** el arco se acorta y concentra demasiado calor en un punto, dando lugar a **cordones estrechos y abultados,** con riesgo de **falta de fusión.**

En la práctica, el valor óptimo de tensión depende del modo de transferencia, el tipo de gas y el diámetro del hilo.

4.3. Intensidad de corriente

La intensidad de corriente determina la cantidad de material fundido por unidad de tiempo y, por tanto, la velocidad de deposición. Está directamente relacionada con el diámetro del hilo, el espesor del material y la forma de transferencia empleada.

Si la intensidad es baja, el hilo no llega a fundirse correctamente y aparecen defectos por falta de penetración. En cambio, si es demasiado alta, el material base se sobrecalienta y se producen deformaciones, proyecciones y salpicaduras.

Para evitar estos problemas, los equipos modernos de soldadura MAG suelen autorregular la intensidad según la velocidad de alimentación del hilo. Aun así, el operario debe conocer los valores aproximados que se manejan en cada tipo de transferencia:

Tipo de transferencia	Tensión (V)	Intensidad (A)
Cortocircuito	16 - 22	50 - 150
Globular	20 - 35	70 - 225
Pulverización (espray)	24 - 40	150 - 500
Arco pulsado	Corriente base: 50 - 80	Pico: 250

El dominio de estos valores permite ajustar la máquina con rapidez y lograr una soldadura productiva y de alta calidad.

4.4. Diámetro y velocidad de alimentación del hilo

El diámetro del hilo y su velocidad de alimentación influyen de forma decisiva en la cantidad de material depositado y en la estabilidad del arco.

Cuanto mayor es el diámetro del hilo, más energía se necesita para fundirlo, lo que exige una intensidad más elevada y una menor velocidad de avance.

Dado que el voltaje se mantiene constante durante el proceso, un aumento en la velocidad de alimentación implica una mayor demanda de potencia y, por tanto, un incremento de la intensidad necesaria para mantener la correcta fusión del hilo.

Por esta razón, en muchas aplicaciones se prefieren hilos de pequeño diámetro, que favorecen la transferencia de pequeñas gotas en un arco más estable y controlable.

Se debe prestar atención a la coherencia entre la intensidad y la velocidad de aporte: una velocidad baja puede romper el arco, mientras que una velocidad excesiva provoca exceso de material o salpicaduras. Los equipos modernos ajustan automáticamente estos parámetros, manteniendo una fusión uniforme y un cordón limpio.

La longitud libre del hilo —la distancia entre el tubo de contacto y la pieza— también influye en la velocidad de fusión: a mayor longitud, el hilo se calienta más y se funde con mayor rapidez. Por eso, se debe mantener siempre una distancia constante, evitando oscilaciones que alteren el proceso.

4.5. Naturaleza y caudal del gas

En el proceso MAG, el gas protector tiene la función de aislar el arco y el baño de fusión del contacto con el aire, evitando la oxidación del metal y la aparición de poros o inclusiones. Este gas se suministra a través de la boquilla de la pistola, cuyo diseño permite crear una atmósfera estable y homogénea alrededor del arco.

El tipo de gas empleado afecta directamente a la forma del cordón y al modo de transferencia del material. Las mezclas más comunes son:

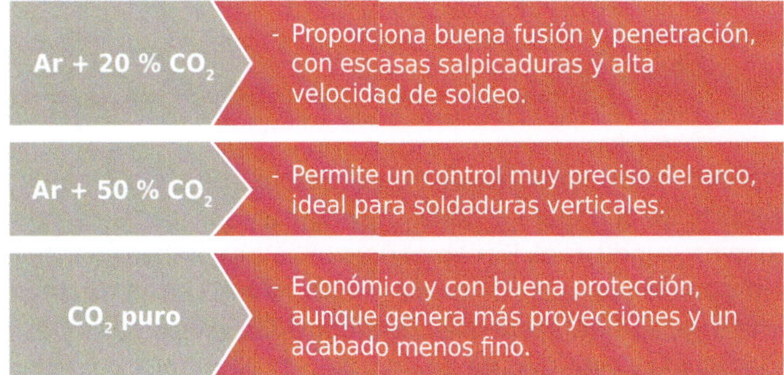

El caudal de gas protector depende de varios factores (posición de soldeo, tipo de junta, diámetro del hilo y entorno de trabajo), pero suele oscilar entre 14 y 17 L/min. Un caudal insuficiente genera poros y decoloraciones; uno excesivo provoca turbulencias que arrastran el gas fuera del área de protección.

Asimismo, la distancia entre la boquilla y la pieza debe mantenerse controlada: si es demasiado grande, se pierde la eficacia del gas y se compromete la calidad del cordón.

ACTIVIDAD COMPLEMENTARIA

22. Localiza una página web de una marca comercial de gases de soldadura. Localiza y anota los distintos tipos de combinaciones de gases que tienen en el mercado y las aplicaciones que recomiendan.

IMPORTANTE

La boquilla debe estar correctamente orientada y limpia para asegurar una salida uniforme del gas, manteniendo el arco dentro de la zona protegida sin generar defectos como poros, derrames o inclusiones.

TAREA 9

En el taller de estructuras donde trabaja Samuel, se está preparando la soldadura de un perfil de acero al carbono de gran espesor, parte de una viga principal para una nave industrial. Su compañero le deja anotadas unas recomendaciones de configuración para el equipo de soldadura MAG antes de empezar el trabajo. Sin embargo, Samuel sospecha que algunos de esos parámetros no son los más adecuados para este tipo de unión y decide revisarlos cuidadosamente antes de iniciar el soldeo.

Parámetro	Recomendación inicial
Tipo de perfil	Perfil en L, ya que requiere menos material.
Modo de transferencia	Cortocircuito, porque ofrece mayor penetración y velocidad.
Polaridad	Directa (electrodo negativo).
Tensión de arco	Baja, para evitar proyecciones y mantener el arco corto.
Intensidad de corriente	Media-baja, para no deformar el perfil.

Continúa en página siguiente >>

<< Viene de página anterior

Parámetro	Recomendación inicial
Diámetro del hilo	0,8 mm, para fundirlo más rápido.
Caudal de gas	25 L/min, para asegurar la protección del arco.

- Analiza el cuadro anterior e identifica las recomendaciones que no son correctas para realizar la unión de perfiles de acero al carbono de gran espesor mediante el proceso MAG.
- Corrige cada una de ellas proponiendo los valores o las configuraciones apropiadas según lo aprendido.
- Justifica tus decisiones brevemente.

5. Inclinación de la pistola según la junta y la posición de soldeo

HILO CONDUCTOR

En el taller, Samuel se dispone a realizar una nueva serie de cordones sobre distintos tipos de juntas y posiciones. Al comenzar la práctica, observa que la inclinación de la pistola influye notablemente en el aspecto y la calidad del cordón. Su instructor le explica que un ángulo mal elegido puede generar defectos importantes, como porosidades, inclusiones de escoria o falta de fusión. Durante la jornada en el taller, Samuel está realizando diferentes uniones de perfiles estructurales de acero al carbono. Al finalizar, observa que algunos cordones presentan asimetría, irregularidades y falta de fusión en uno de los bordes. Su instructor le comenta que la causa más probable se encuentra en una mala inclinación de la pistola de soldadura.

Comprender y mantener la inclinación adecuada es un aspecto esencial del proceso de soldadura MAG.

En el proceso MAG, la pistola de soldadura —que aloja el hilo de aporte— forma dos ángulos con respecto a la pieza que se va a soldar: el **ángulo de**

trabajo y el **ángulo de desplazamiento.** Ambos determinan la orientación del arco, la protección del gas y la penetración del cordón, por lo que deben mantenerse constantes durante toda la operación.

El **ángulo de trabajo** es el formado entre el eje del electrodo y la línea perpendicular a la superficie de soldadura. Su valor depende del tipo de junta, de la posición de soldeo y del modo de avance.

Ángulo de trabajo

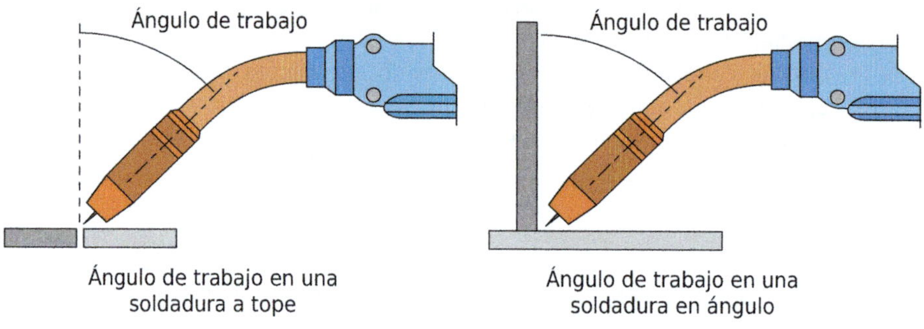

El **ángulo de desplazamiento** es aquel que se forma entre el eje del electrodo y la perpendicular a la línea de soldadura. Aunque ambos ángulos pueden tener valores similares, se encuentran en planos distintos, por lo que no deben confundirse.

La correcta orientación de la pistola también es necesaria para asegurar que el **gas protector cubra eficazmente el baño de fusión,** evitando la oxidación y la contaminación del cordón.

Ángulo de desplazamiento

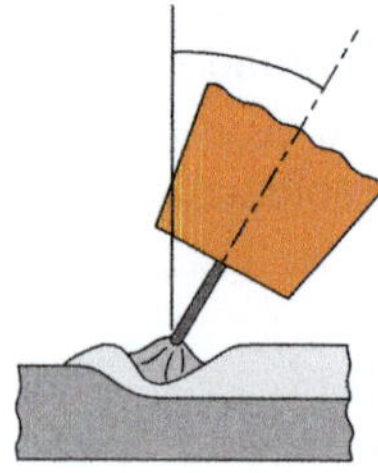

5.1. Valores orientativos según la posición y el tipo de junta

En función de la posición de soldeo y del tipo de unión, deben aplicarse distintos valores de inclinación para lograr una soldadura de calidad:

- **Posición horizontal, juntas a tope o con chaflán:** la pistola debe mantenerse en el eje de la junta, con un ángulo de trabajo perpendicular a la superficie y un ángulo de desplazamiento entre 60° y 70°.
- **Posición horizontal, juntas en ángulo, a solape, en cruz o en T:** el electrodo debe dirigirse de forma perpendicular al eje de la soldadura. En uniones a 90°, el ángulo de trabajo será de 45° respecto a ambas piezas. El ángulo de desplazamiento se mantiene entre 60° y 70°.
- **Posición vertical, juntas a tope o con chaflán:** se establece un ángulo de trabajo de 90° con respecto a la superficie de las piezas, situando el electrodo en el centro de la junta, y un ángulo de desplazamiento de 10° a 20°.
- **Posición vertical, juntas en ángulo, a solape, en cruz o en T:** se debe mantener la pistola perpendicular a la soldadura, con un ángulo de desplazamiento también comprendido entre 10° y 20°.
- **Juntas tipo tapón u ojal (posición horizontal o vertical):** se mantendrá la pistola perpendicular a la superficie de soldadura, con un ángulo de desplazamiento de 60° en posición horizontal y 10° en posición vertical.

Ángulo de inclinación de la pistola de soldadura

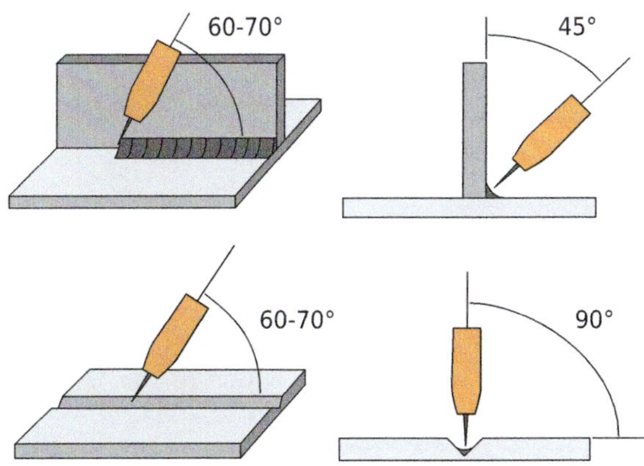

IMPORTANTE

Para lograr cordones simétricos y homogéneos, especialmente en soldaduras planas, puede colocarse el electrodo totalmente perpendicular a la superficie, garantizando una distribución uniforme del metal fundido. En el caso de soldaduras en tapón u ojal, se recomienda ejecutar el cordón en movimiento circular, comenzando desde el interior hacia el borde exterior, para obtener una fusión completa y un acabado uniforme.

Diferentes posiciones de soldadura

Plano	Horizontal	Vertical	Sobrecabeza

APLICACIÓN PRÁCTICA

Durante una de sus prácticas en el taller, Samuel debe realizar varios cordones de soldadura MAG sobre diferentes tipos de juntas y posiciones. Tras observar los resultados, nota que algunos cordones presentan falta de penetración y zonas con exceso de material. Su encargado le recuerda que estos defectos pueden deberse a una inclinación incorrecta de la pistola, por lo que Samuel decide revisar los valores recomendados para cada tipo de unión.

En la hoja de trabajo que le han entregado, aparecen las siguientes indicaciones, pero sospecha que no todas son correctas. Su tarea consiste en revisarlas y corregirlas, aplicando los criterios explicados en el apartado sobre la inclinación de la pistola.

Tipo de junta / posición de soldeo	Valores anotados por Samuel	¿Correcto o incorrecto? Justifica la respuesta.
Junta a tope en posición horizontal	Ángulo de trabajo: 45°; ángulo de desplazamiento: 30°.	
Junta en ángulo (posición horizontal)	Ángulo de trabajo: 45°; ángulo de desplazamiento: 65°.	
Junta a tope en posición vertical	Ángulo de trabajo: 90°; ángulo de desplazamiento: 45°.	
Junta en ángulo en posición vertical	Ángulo de trabajo: 45°; ángulo de desplazamiento: 15°.	
Junta tipo tapón en posición horizontal	Ángulo de trabajo: 90°; ángulo de desplazamiento: 60°.	

Continúa en página siguiente >>

<< Viene de página anterior

Solución

Tipo de junta / posición de soldeo	Valores anotados por Samuel	¿Correcto o incorrecto? Justifica la respuesta.
Junta a tope en posición horizontal	Ángulo de trabajo: 45°; ángulo de desplazamiento: 30°.	**Incorrecto.** La pistola debe mantenerse en el eje de la junta, con **ángulo de trabajo perpendicular (90°)** a la superficie y **ángulo de desplazamiento entre 60° y 70°.** Un ángulo de desplazamiento demasiado bajo reduce la penetración y puede generar cordones fríos.
Junta en ángulo (posición horizontal)	Ángulo de trabajo: 45°; ángulo de desplazamiento: 65°.	**Correcto.** En uniones a 90°, el ángulo de trabajo debe ser **45°,** con un ángulo de desplazamiento **entre 60° y 70°.** Esta combinación garantiza la fusión equilibrada de ambas piezas.
Junta a tope en posición vertical	Ángulo de trabajo: 90°; ángulo de desplazamiento: 45°.	**Incorrecto.** El **ángulo de trabajo debe mantenerse en 90°,** pero el **ángulo de desplazamiento debe reducirse a entre 10° y 20°,** permitiendo controlar el baño y evitar el goteo del metal fundido.
Junta en ángulo en posición vertical	Ángulo de trabajo: 45°; ángulo de desplazamiento: 15°.	**Correcto.** En este tipo de unión, el **ángulo de trabajo se mantiene en torno a 45°,** y el **desplazamiento entre 10° y 20°** es adecuado para dirigir el baño de fusión y garantizar una correcta penetración.
Junta tipo tapón en posición horizontal	Ángulo de trabajo: 90°; ángulo de desplazamiento: 60°.	**Correcto.** En este caso, la pistola se mantiene **perpendicular a la superficie (90°)** y el **ángulo de desplazamiento de 60°** facilita la protección del baño y el llenado uniforme del orificio.

6. Sentido de avance en la aportación de material

☞ HILO CONDUCTOR

Mientras trabaja en el taller, Samuel observa que no solo la inclinación de la pistola influye en el resultado del cordón, sino también el sentido de avance con el que se realiza la soldadura. Su tutor le explica que este parámetro determina el tipo de cordón, la penetración y el aspecto final de la unión, por lo que debe seleccionarse en función del tipo de trabajo que se va a ejecutar.

En el proceso MAG, el soldador puede desplazar la pistola **hacia delante o hacia atrás** respecto al sentido de avance del cordón. Cada uno de estos movimientos genera efectos distintos sobre el cordón y la penetración del metal:

Avance hacia delante	- La pistola se mueve en el mismo sentido del avance de la soldadura, empujando el baño de fusión. - Este método, conocido como **a empuje o a favor del baño,** produce cordones **más anchos, de menor penetración y con mejor aspecto superficial,** por lo que se utiliza con frecuencia en **pasadas de acabado** o en materiales finos donde se requiere un control térmico más bajo.
Avance hacia atrás	- En este caso, la pistola se orienta en sentido contrario al avance, **arrastrando el baño de fusión.** - Este procedimiento, llamado **en arrastre o hacia atrás,** genera **mayor penetración** y un cordón más estrecho, siendo idóneo para **cordones de raíz o primeras pasadas** donde se necesita asegurar la fusión total de los bordes.

En general, cuando las condiciones lo permiten, se prefiere el **avance hacia delante,** ya que proporciona **mayor precisión y estabilidad del arco,** facilitando el control del cordón y mejor visibilidad del baño.

Además del sentido de avance, durante el proceso de soldadura MAG pueden emplearse **movimientos complementarios** que modifican la forma del cordón y el aporte de material. Los más habituales son los siguientes:

- **Movimiento lineal:** se utiliza en cordones de raíz o en materiales de poco espesor. Produce un cordón estrecho y recto, con buena penetración y aspecto regular.

Cordón de soldadura recto

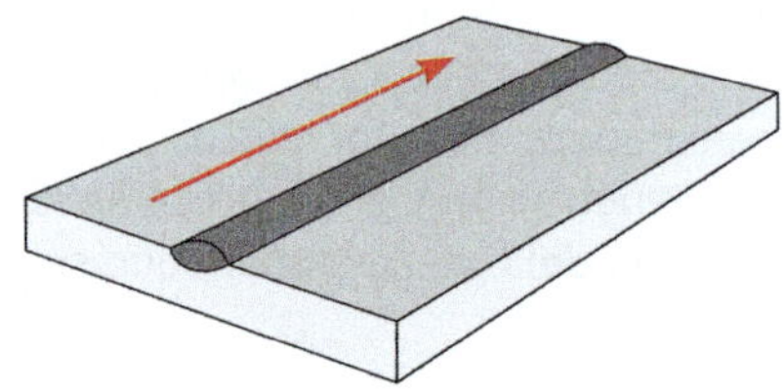

- **Movimiento circular:** permite unir piezas con pequeñas separaciones entre bordes, evitando una excesiva penetración. Genera un cordón ancho y uniforme adecuado para rellenos.

Movimiento circular

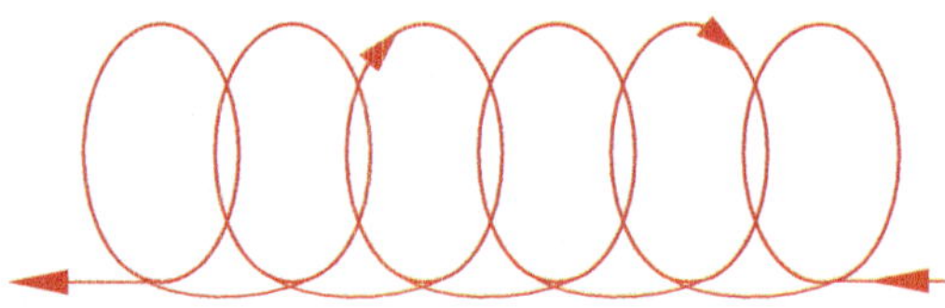

- **Movimiento a impulsos:** consiste en pequeños desplazamientos alternativos hacia delante y hacia atrás, con avance rápido y retroceso lento. Se usa para cordones finos y muy penetrantes siempre que las juntas estén bien ajustadas.

Movimiento a impulsos

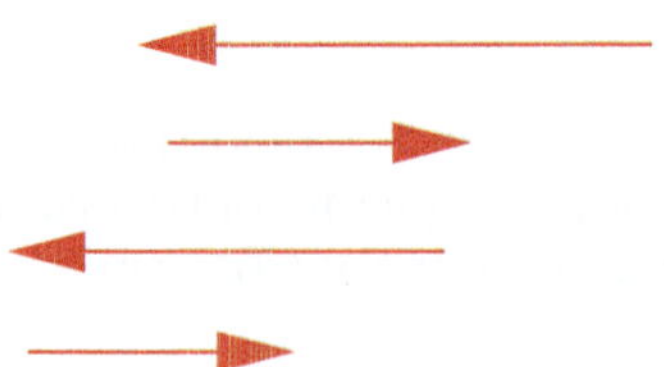

- **Movimiento en zigzag:** El electrodo se desplaza de forma pendular o lateral, combinando movimiento transversal y avance. Este método permite obtener cordones muy anchos, con gran aporte de material y oxco lente cobertura del borde de unión.

Movimiento en zigzag

El movimiento en zigzag se caracteriza por el paso de avance, es decir, la distancia que la pistola recorre lateralmente en cada oscilación. El tamaño del paso influye directamente en la velocidad de soldeo, el calor aportado y el aspecto final del cordón.

- Paso de avance largo:
  - Mayor velocidad de soldeo.
  - Menor calor aportado.
  - Cordones más espaciados y con acabado menos uniforme.
- Paso de avance corto:
  - Menor velocidad de soldeo.
  - Mayor calor aportado.
  - Cordones más juntos y con mejor acabado superficial.

La elección del paso de avance depende del **espesor de las piezas,** su **geometría** y la **resistencia térmica del material.** Un paso demasiado largo puede generar falta de fusión, mientras que uno muy corto puede producir sobrecalentamiento.

Pasos de avance para un movimiento en zigzag

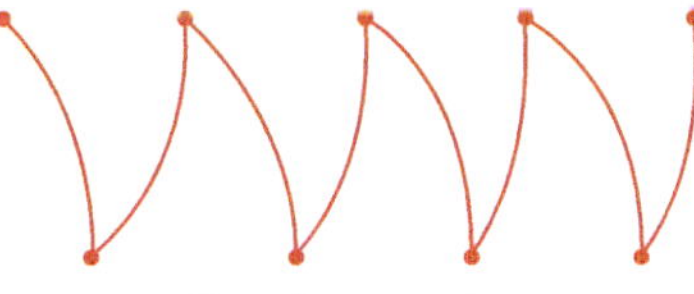

Paso de avance largo

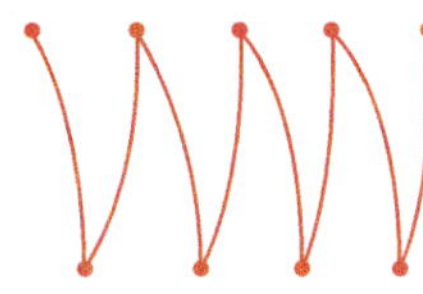

Paso de avance corto

APLICACIÓN PRÁCTICA

Durante una de las prácticas en el taller, Samuel debe realizar un cordón de soldadura más ancho de lo habitual. Las piezas que va a unir son de poco espesor y no pueden recibir una temperatura de soldeo elevada.

Sabe que la forma en la que desplace la pistola influirá tanto en el aspecto del cordón como en la cantidad de material aportado.

¿Qué técnica de avance deberá aplicar Samuel para ejecutar correctamente la soldadura?

Solución

Samuel empleará un movimiento pendular de la pistola mientras avanza en la soldadura, aplicando la técnica de movimiento en zigzag.

Esta técnica permite realizar cordones anchos con mayor aporte de material y, si se selecciona un paso de avance largo, se consigue, además, una soldadura con menor calor de aportación, lo que evita la deformación de las piezas finas y mejora el aspecto superficial del cordón.

ACTIVIDAD COMPLEMENTARIA

23. Localiza un vídeo en la red donde se observen diferentes técnicas de avance durante la realización de una soldadura MAG.

7. Distancia pistola-pieza

HILO CONDUCTOR

Durante una práctica en el taller, Samuel se da cuenta de que al variar la distancia entre la pistola y la pieza, el aspecto del cordón cambia notablemente.

Continúa en página siguiente >>

<< Viene de página anterior

Su instructor le explica que esta distancia influye de forma directa en la longitud del arco eléctrico, en la penetración de la soldadura y en la cantidad de proyecciones que se generan durante el proceso. Controlar correctamente esta separación es esencial para conseguir cordones estables, de buena apariencia y con las propiedades mecánicas adecuadas.

La **distancia entre la boquilla de la pistola y la pieza** determina la longitud del hilo de aporte expuesto al arco.

- Si la distancia es demasiado grande, el hilo se funde lentamente, el arco se vuelve inestable y la soldadura presenta un aspecto irregular, con mayor cantidad de proyecciones y escasa penetración.
- Además, resulta más difícil dirigir el material fundido hacia la zona deseada, lo que provoca defectos en la unión y desperdicio de material de aporte.

Por el contrario, **si la distancia es muy corta,** el arco se vuelve demasiado intenso y concentrado, pudiendo producir **una penetración excesiva** o incluso quemaduras en la pieza.

Para fundir correctamente el material a la velocidad de aportación establecida, se recomienda mantener una distancia entre **7 y 40 mm,** dependiendo del tipo de trabajo y de los parámetros de soldadura. Este valor se elige considerando las propiedades buscadas en el cordón, el tipo de transferencia del metal, el nivel de proyección y la penetración deseada.

Las características de la soldadura en función de la distancia se reflejan a continuación:

- Distancia grande:
  - Se utiliza un hilo de mayor longitud.
  - Se obtiene una soldadura de poca penetración.
  - Aparecen numerosas proyecciones alrededor del cordón.
- Distancia media (15-20 mm):
  - Disminuye la tensión necesaria para mantener el arco.
  - La penetración aumenta moderadamente.
  - Se reducen las proyecciones.
  - Es el rango más común en soldaduras de producción.

- Distancia corta:
  - Se favorece un arco en cortocircuito, con mayor penetración.
  - El número de proyecciones es mínimo.
  - El cordón resulta estrecho y muy penetrante.

EJEMPLO

En una soldadura MAG con transferencia por cortocircuito, la distancia óptima se sitúa entre 7 y 14 mm. Si se supera este valor, desaparece el efecto de cortocircuito y el arco pierde estabilidad.

De manera general, en los procesos MAG se recomienda establecer una distancia de unos 10 mm entre la boquilla y la pieza. Este valor permite mantener un arco estable, una transferencia de material regular y una protección gaseosa adecuada del baño de fusión, obteniendo cordones con buena apariencia y escasas proyecciones.

8. Técnica de soldeo en las diferentes posiciones de soldadura

HILO CONDUCTOR

Durante una práctica en el taller, Samuel comprende que soldar correctamente no depende solo de los parámetros del equipo o de la elección del gas y el hilo. También es esencial adoptar la posición adecuada y preparar correctamente las uniones.

El dominio de las posiciones de soldeo permite ejecutar uniones seguras, resistentes y de buena apariencia, evitando defectos y facilitando la tarea del operario.

Una **unión correctamente diseñada** debe permitir que el soldador trabaje de forma **cómoda y segura,** con buena visibilidad de la junta y acceso adecuado para el equipo de soldadura. Por este motivo, la **preparación de los bordes** de las piezas adquiere gran importancia: un mal diseño puede dificultar la penetración del cordón o la aplicación uniforme del material de aporte.

En general, la soldadura MAG se aplica en uniones de **acero al carbono** con distintos tipos de juntas: a tope, en ángulo, en solape, en T, etc. Cada una de ellas requiere una posición y una técnica específicas para asegurar una unión eficiente.

8.1. Tipos de soldadura según la posición

El proceso MAG puede ejecutarse en **diversas posiciones de soldeo,** dependiendo de la orientación de la junta. Las más comunes son:

- **Plana:** el operario trabaja sobre la parte superior de la junta. Es la posición más cómoda y productiva, ya que el baño de fusión se mantiene estable por la acción de la gravedad.
- **Horizontal:** el cordón se deposita de forma lateral. Requiere controlar el arco para evitar que el material fundido tienda a fluir hacia abajo. Se utiliza con frecuencia en soldaduras a tope o con chaflán doble.
- **Vertical:** el cordón se ejecuta en sentido ascendente o descendente.
  - En avance descendente, la soldadura se realiza con movimientos en zigzag y pequeñas pausas en los extremos, logrando buena penetración y acabado.
  - En avance ascendente, se aplica la misma técnica, pero con un resultado mecánicamente más resistente, ya que el calor se distribuye mejor a lo largo del cordón.
- **Sobrecabeza:** el soldador trabaja por debajo de la junta. Es la posición más compleja y peligrosa, debido al riesgo de caída de material fundido. Para reducirlo, se emplean procedimientos de rápida solidificación y cordones cortos, controlando la temperatura del arco.
- **De tapón o de ojal:** se realiza sobre una abertura circular en una de las piezas, rellenándola hasta conseguir la unión. Requiere mantener la pistola perpendicular a la superficie y realizar movimientos circulares controlados.

Técnicas de soldadura en función de las diferentes posiciones y juntas

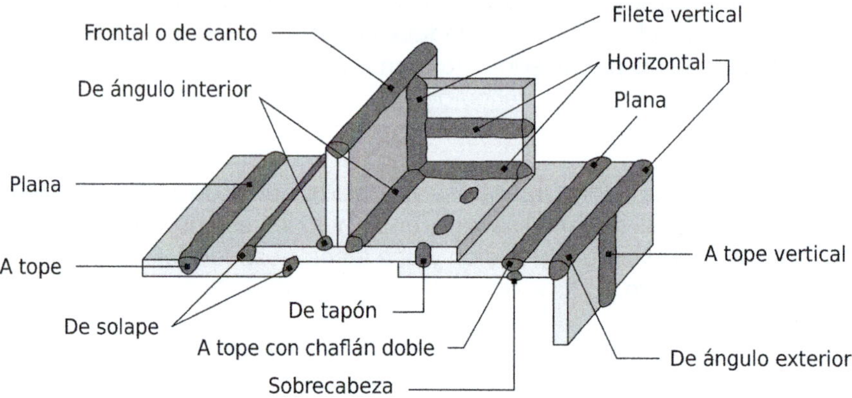

8.2. Procedimiento general de soldadura MAG

Antes de iniciar la soldadura, es importante **planificar la secuencia de trabajo** y **ajustar los parámetros del equipo** de acuerdo con la posición y el tipo de junta. Los pasos recomendados son los siguientes:

1. **Planificación del proceso:** definir la estrategia de soldeo, la trayectoria del cordón y el orden de las pasadas, especialmente en estructuras complejas.
2. **Ajuste de parámetros:** seleccionar la tensión de arco, la intensidad de corriente, el tipo de transferencia y el caudal del gas. Es recomendable realizar una prueba previa antes de soldar las piezas definitivas.
3. **Selección del hilo y su velocidad de alimentación:** adaptar el diámetro y la velocidad a la posición de soldadura y al espesor del material.
4. **Cebado del arco:** se inicia el arco acercando el electrodo a la pieza hasta generar un cortocircuito. Este eleva la temperatura del hilo hasta su punto de fusión. Luego se separa ligeramente la pistola, manteniendo la distancia de arco dentro de la atmósfera protectora de gas.
5. **Ejecución del cordón:** mantener una distancia constante entre la pistola y la pieza, y asegurar que el arco permanezca estable. En posición vertical, se suele utilizar el movimiento en zigzag ascendente, salvo en piezas delgadas, donde conviene reducir la temperatura empleando un avance descendente.
6. **Finalización de la soldadura:**

- Interrumpir la alimentación de hilo.
- Mantener la pistola unos segundos sobre el cordón para permitir la protección gaseosa durante la solidificación.

- Cerrar las válvulas de gas, descargar los conductos y desconectar el generador.

8.3. Ajuste de parámetros durante el proceso

Durante la ejecución del cordón, puede ser necesario **modificar ciertos parámetros** para corregir defectos o adaptar el proceso a las condiciones reales.

Algunos ejemplos prácticos:

- Para aumentar la penetración:
  - Aumentar la intensidad de corriente.
  - Disminuir la distancia entre pistola y pieza.
  - Utilizar un hilo de menor diámetro.
- Para reducir la penetración:
  - Disminuir la corriente.
  - Aumentar la distancia entre pistola y pieza.
  - Usar un hilo de mayor diámetro.
- Para obtener cordones planos y anchos:
  - Aumentar la tensión del arco.
  - Disminuir la distancia entre pistola y pieza.
- Para obtener cordones más estrechos:
  - Reducir la tensión de arco.
  - Aumentar la velocidad de avance.
- Para aumentar la velocidad de deposición:
  - Incrementar la intensidad.
  - Aumentar la distancia pistola-pieza.
  - Emplear hilos finos.
- Para reducir la velocidad de deposición:
  - Disminuir la corriente.
  - Reducir la distancia pistola-pieza.
  - Usar hilos de mayor diámetro.

9. Distribución de los diferentes cordones de penetración, relleno y peinado

HILO CONDUCTOR

Durante la ejecución de una unión mediante soldadura MAG, Samuel aprende que no basta con fundir el material y depositar el cordón: cada parte de la soldadura cumple una función específica que garantiza la resistencia, la estanqueidad y el buen acabado de la unión.

Resulta esencial conocer las **zonas que conforman la unión soldada** y los **tipos de cordones** que se realizan durante el proceso.

9.1. Zonas de una unión soldada

Antes de iniciar el soldeo, el operario debe comprobar que el material es soldable, es decir, que tiene la capacidad de unirse mediante la fusión del metal base con el material de aporte.

En el proceso MAG, esta técnica se utiliza casi exclusivamente para la unión de aceros al carbono, por su excelente soldabilidad.

En una unión soldada pueden distinguirse **tres zonas principales:**

Cordón de soldadura
- Es el resultado directo de la operación de soldeo. Representa la zona fundida que, al solidificarse, une las piezas entre sí.

Zona de influencia térmica (ZAT)
- Es la región adyacente al cordón que **no ha llegado a fundirse,** pero que sí ha sido afectada por el calor del arco.
- En ella pueden producirse cambios metalúrgicos que alteren la dureza o la resistencia del acero.
- Esta zona también se conoce como **zona afectada térmicamente (ZAT).**

Continúa en página siguiente >>

<< Viene de página anterior

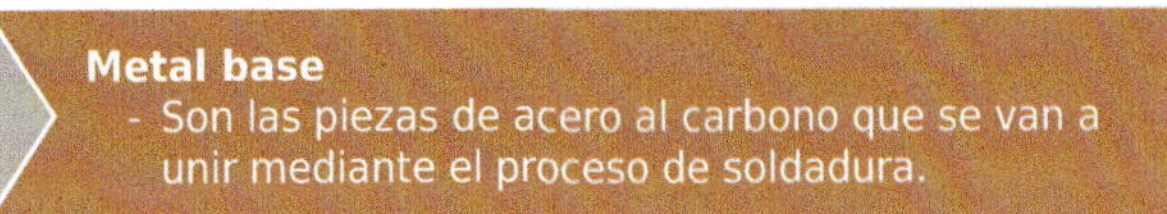

Zonas de una unión soldada

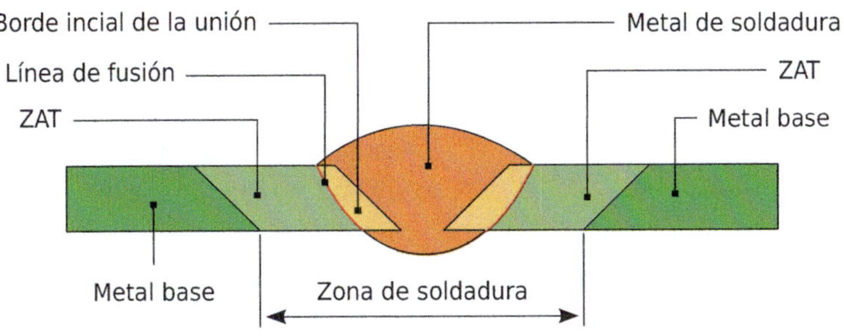

9.2. Elementos del cordón de soldadura

El **cordón de soldadura** se obtiene al fundir el material de aporte dentro de la junta entre los dos bordes del metal base. Sus elementos principales son:

- **Ángulo del chaflán:** es el ángulo que se forma en el borde de la pieza donde se aplicará la soldadura. Suele obtenerse mediante mecanizado previo o desbaste del perfil.
- **Ángulo de la ranura:** es el ángulo total que se forma al unir los dos bordes achaflanados de las piezas.
- **Cuello real:** es el espesor total del cordón medido desde la raíz hasta la superficie exterior.
- **Cuello o garganta efectiva:** distancia entre la raíz del cordón y la hipotenusa del triángulo imaginario que representan los lados del cordón.

Garganta efectiva de un cordón de soldadura

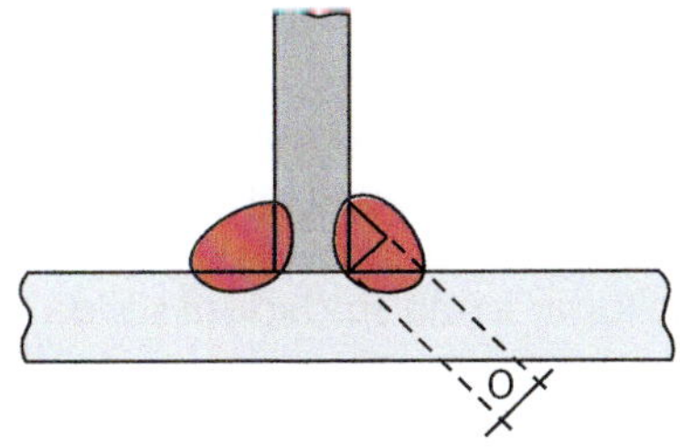

- **Raíz:** parte inferior del cordón, situada en el fondo de la junta.

Raíz de una soldadura a tope

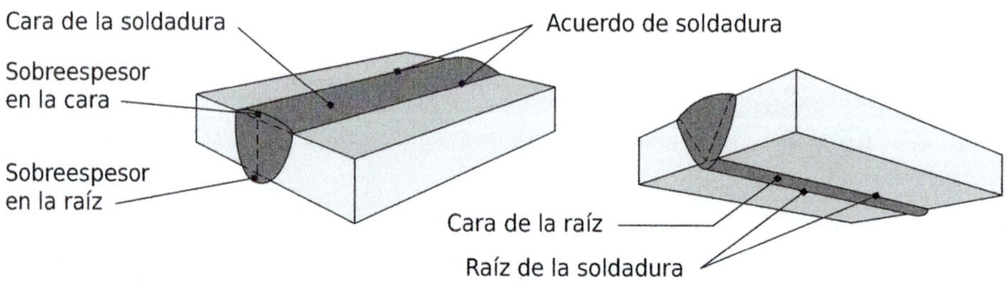

- **Separación de la raíz:** es el espacio que puede quedar entre los bordes de dos piezas unidas a tope antes de soldar. Facilita la penetración completa del metal de aporte.

Separación de la raíz de un cordón de soldadura

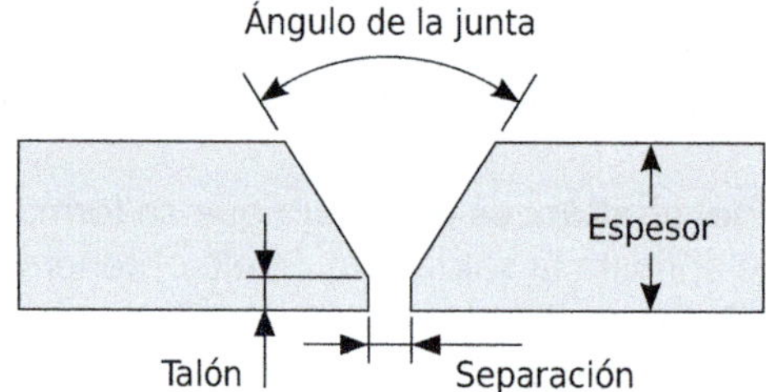

- **Penetración:** profundidad hasta la que el metal fundido se introduce en el material base. Puede ser total, si atraviesa todo el espesor, o parcial, si solo alcanza una parte de este.

9.3. Cordones de penetración, relleno y peinado

En la soldadura MAG, el cordón final se suele obtener mediante **varias pasadas** con la pistola a lo largo de la junta. Cada pasada deposita una capa de material que cumple una función específica dentro de la unión. El conjunto de todas ellas da lugar a una soldadura sólida y con el acabado deseado.

Los tipos de cordones que pueden distinguirse son:

Cordón de penetración
- Es el primer cordón que se aplica.
- Su objetivo es fundir completamente la base del chaflán, garantizando la unión y la penetración total sin defectos.
- Dado que requiere alta temperatura, en ocasiones se realiza mediante procesos semiautomáticos o automáticos, para asegurar su homogeneidad.
- Normalmente, se efectúa una sola pasada de penetración.

Cordón de relleno
- Se aplica después del cordón de penetración y sirve para rellenar el chaflán y aumentar la sección resistente de la soldadura.
- Su número de pasadas dependerá de la profundidad del chaflán y del espesor de las piezas.

Cordón de peinado
- Es el cordón superficial final.
- Su función es mejorar el aspecto y la forma del cordón, logrando una superficie convexa y uniforme.
- El número de cordones de peinado dependerá del ancho del chaflán y del nivel de acabado requerido.

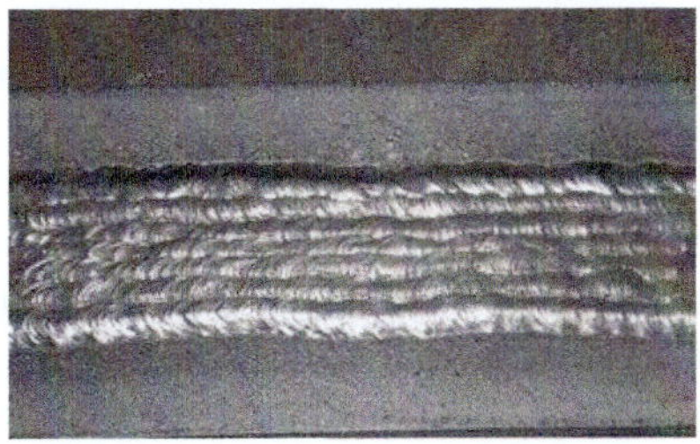

Cordones de peinado en una soldadura

Cordones de soldadura en varias pasadas

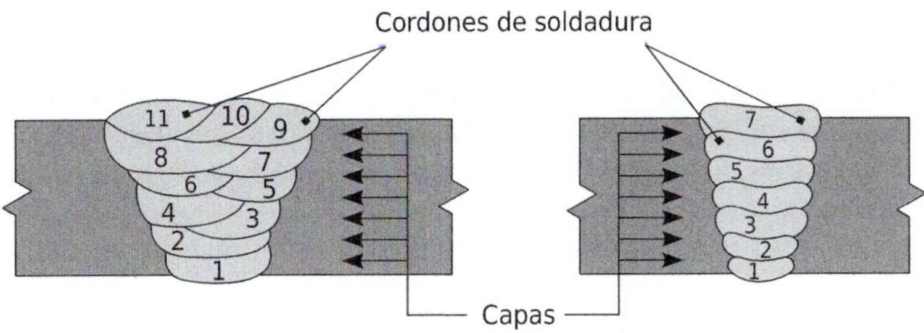

10. Tratamientos presoldeo

HILO CONDUCTOR

Durante una práctica en el taller, Samuel observa que, al soldar ciertos perfiles finos de acero al carbono, se producen grietas pequeñas en los bordes de las piezas. Su instructor le explica que esto ocurre por los altos gradientes térmicos generados durante la soldadura y que puede evitarse aplicando un tratamiento térmico previo al proceso: el tratamiento presoldeo.

El tratamiento presoldeo tiene como objetivo prevenir defectos y tensiones internas antes de iniciar el soldeo. Consiste, principalmente, en calentar la pieza o zona de unión antes de aplicar el arco eléctrico, con el fin de reducir el impacto térmico que se produce entre la parte soldada y el resto del material.

Este tratamiento ayuda a mitigar los efectos indeseables provocados por la diferencia de temperatura durante la soldadura, especialmente en piezas de acero con poco espesor o alta rigidez, donde el calor se concentra de forma desigual.

El calentamiento previo de la pieza produce beneficios claros en el proceso de soldadura:

- Disminuye la velocidad de enfriamiento, lo que reduce la aparición de tensiones internas y fisuras en la zona de unión.
- Favorece un baño de fusión más estable, ya que el material base se encuentra a una temperatura más próxima al punto de fusión del metal de aporte.
- Evita grietas en los bordes o en la raíz de la soldadura, mejorando la continuidad del cordón.
- Uniformiza la temperatura en toda la pieza, reduciendo la concentración de calor y evitando deformaciones localizadas.

Aunque eficaz, el tratamiento presoldeo no siempre resulta práctico. Requiere un control preciso de la temperatura y aumenta el tiempo y el coste del proceso, además de dificultar el manejo de las piezas calientes. Por ello, se reserva para trabajos de alta calidad, uniones estructurales críticas o soldaduras de materiales sensibles a la fisuración térmica.

ACTIVIDAD COMPLEMENTARIA

24. Investiga y amplía tu conocimiento acerca de los tratamientos presoldeo.

11. Aplicación práctica de soldeo de perfiles de acero al carbono en diferentes posiciones con hilo sólido

HILO CONDUCTOR

Samuel se enfrenta al reto de interpretar planos de estructuras metálicas que incluyen múltiples tipos de uniones soldadas. Su instructor le explica que la soldadura MAG no solo permite unir piezas de acero al carbono en condiciones controladas de taller, sino también directamente en obra, donde el operario debe adaptarse a diferentes posiciones de soldeo y configuraciones estructurales.

La **soldadura** es un procedimiento fundamental en la industria mecánica y de la construcción, ya que permite **unir de manera permanente** distintos elementos metálicos —como vigas, perfiles, cartelas o componentes de calderería—, garantizando la resistencia y la continuidad estructural.

Para poder comunicar con precisión las características de cada unión, los planos industriales utilizan una **simbología normalizada** que el soldador debe saber interpretar. Este lenguaje técnico es esencial, ya que indica:

- La posición y la orientación del cordón de soldadura.
- El tipo de unión (a tope, en ángulo, en solape, etc.).
- Las dimensiones y la geometría del cordón.

En los planos, las **flechas** señalan la ubicación de la soldadura, mientras que los **triángulos o los símbolos geométricos** indican la forma y la disposición del cordón.

Aunque las representaciones reales puedan parecer más intuitivas, la **simbología normalizada (UNE o ANSI)** es más práctica, especialmente en proyectos complejos, donde la representación visual sería confusa o inviable por escala.

11.1. Elementos del símbolo de soldadura (normalización UNE)

El símbolo UNE de una soldadura se compone de tres partes principales:

1. **Flecha:** indica el lado o la zona exacta donde se aplicará la soldadura.
2. **Línea de referencia doble:** formada por una línea continua y otra discontinua.

    - La línea continua representa el lado de la flecha (donde se ejecuta la soldadura).
    - La línea discontinua representa el lado opuesto.

3. **Símbolo de soldadura y dimensiones:** especifica el tipo de unión (a tope, en ángulo, en chaflán, en U, etc.) y su tamaño.
   Algunos ejemplos comunes incluyen:

    - Soldadura a tope con chaflán simple o doble.
    - Soldadura en ángulo o en esquina.
    - Soldadura de borde o de respaldo.
    - Soldadura a tope con bisel, en J o en U.

Esta simbología es indispensable para asegurar que la soldadura se ejecute **exactamente según las especificaciones del proyecto.**

Representación de una soldadura

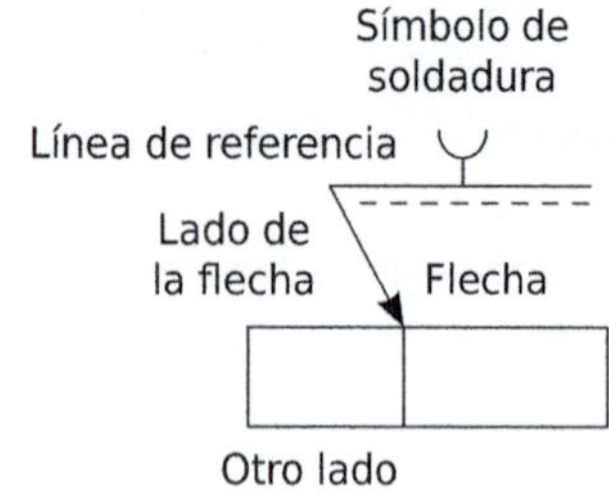

11.2. Designación de posiciones de soldadura (normalización UNE)

En la práctica, no todas las uniones pueden realizarse en posición plana o sobre una bancada.

En el montaje de estructuras metálicas, es habitual tener que soldar en posición vertical, horizontal o incluso bajo techo, por lo que es fundamental conocer la designación de las posiciones según la norma europea (EN):

Designación EN	Posición común	Descripción
PA	Plana	Soldadura horizontal, pieza fija o acunada.
PB	En ángulo	Soldadura entre piezas que forman un ángulo interior.
PC	Cornisa	Soldadura horizontal sobre superficie vertical.
PD	Bajo techo	Soldadura inclinada 45°, horizontal-vertical.
PE	Bajo techo	Soldadura completamente sobrecabeza.
PF	Vertical ascendente	Soldadura en sentido ascendente.
PG	Vertical descendente	Soldadura en sentido descendente.

IMPORTANTE

Siempre que sea posible, conviene ejecutar las soldaduras en taller, donde se controlan mejor las condiciones ambientales y de posición. Esto mejora la calidad de las uniones y reduce los costes de ejecución.

11.3. Aspectos que tener en cuenta en el soldeo de perfiles mediante el proceso MAG

Para realizar correctamente la unión de perfiles de acero al carbono mediante el proceso MAG, se deben seguir las siguientes **etapas básicas:**

1. Preparación de las superficies:
   - Limpiar las zonas que se van a soldar, eliminando óxidos, grasa o pintura.
   - Verificar la alineación y el ajuste de los perfiles.
2. Ajuste del equipo de soldadura:
   - Seleccionar la polaridad directa (electrodo positivo).
   - Regular la tensión, la intensidad y el caudal de gas según el espesor del material y el tipo de transferencia.
   - Escoger el diámetro y la velocidad del hilo adecuados.
3. Colocación de la pistola y elección de posición:
   - Mantener una distancia boquilla-pieza de 10-15 mm.
   - Ajustar la inclinación de la pistola según el tipo de junta (a tope, en ángulo, etc.) y la posición de soldeo (PA, PB, PC...).
4. Ejecución de la soldadura:
   - Iniciar el arco mediante cebado controlado.
   - Avanzar de forma uniforme, manteniendo el baño fundido dentro del gas protector.
   - Aplicar movimientos suaves (lineales o en zigzag) según la anchura del cordón requerida.
5. Finalización del cordón:
   - Detener la alimentación de hilo.
   - Mantener la pistola unos segundos sobre el cordón para conservar la atmósfera protectora durante la solidificación.
6. Inspección final:
   - Comprobar visualmente la continuidad, la penetración y el acabado del cordón.
   - Limpiar la escoria o las proyecciones y verificar la dimensionalidad de la unión.

ACTIVIDAD COMPLEMENTARIA

25. Investiga sobre las consecuencias de realizar una soldadura sin una correcta limpieza previa de las zonas que se van a soldar.

12. Resumen

El conocimiento exhaustivo de las técnicas de soldeo MAG aplicadas a perfiles normalizados de acero al carbono resulta esencial para obtener uniones seguras, estables y de alto rendimiento. Comprender la influencia de los parámetros de trabajo —polaridad, tensión, intensidad, velocidad y diámetro del hilo, así como el caudal del gas protector— permite ajustar el proceso a las características del material y a la posición de soldadura, favoreciendo cordones uniformes y una fusión controlada.

La elección adecuada del modo de transferencia metálica (por cortocircuito, globular, en espray o pulsada) determina la penetración y la calidad superficial del cordón, adaptando el proceso a los requisitos específicos de cada unión. De igual forma, aspectos operativos como la inclinación y la distancia de la pistola, el sentido de avance y la posición del soldador influyen directamente en la estabilidad del arco y en la apariencia final de la soldadura.

El dominio de la simbología y de las posiciones normalizadas de soldeo permite interpretar correctamente los planos de fabricación y ejecutar los cordones según las especificaciones técnicas. Complementariamente, los tratamientos térmicos previos al soldeo ayudan a minimizar tensiones, mejorando la resistencia y el comportamiento mecánico de las uniones.

En conjunto, la aplicación rigurosa de los procedimientos de soldeo MAG en perfiles de acero al carbono permite lograr uniones limpias y resistentes, optimizar la productividad en el taller y garantizar la seguridad estructural de las piezas soldadas.

Ejercicios de autoevaluación Unidad de Aprendizaje 7

1. **Determina si la siguiente oración es verdadera o falsa: "La transferencia por pulverización (espray) permite obtener soldaduras de gran penetración y buena calidad superficial".**

   - Verdadero
   - Falso

2. **El tipo de transferencia más adecuado para soldar perfiles de gran espesor con alta velocidad de ejecución es:**

   a. Cortocircuito.
   b. Globular.
   c. Pulverización o espray.
   d. Pulsada.

3. **Completa la siguiente oración:**

   La inclinación de la pistola en el proceso MAG se define por dos ángulos: ____________________

4. **¿Qué diferencia principal existe entre el cordón de penetración y el cordón de relleno en una soldadura MAG?**

   ____
   ____
   ____
   ____

5. **En una junta a tope horizontal, el ángulo de desplazamiento recomendado de la pistola es de:**

   a. 30-40°
   b. 45°
   c. 60-70°
   d. 90°

6. Completa la siguiente oración:

Durante el proceso de soldadura, la distancia media entre la boquilla y la pieza debe mantenerse entre ______ y ______ mm para obtener un cordón estable y con buena penetración.

7. Relaciona cada parámetro con su efecto principal:

a. Intensidad de corriente.
b. Caudal de gas.
c. Tensión de arco.

__ Controla la protección del baño de fusión.
__ Aumenta o reduce la penetración del cordón.
__ Modifica la anchura del cordón de soldadura.

8. Completa siguiente oración:

El tratamiento presoldeo consiste en calentar la pieza antes de soldar para reducir la ______________ de enfriamiento y evitar la aparición de ____________________.

9. El símbolo de soldadura colocado sobre la línea continua en un plano indica que:

a. La soldadura se realiza en el lado opuesto al que apunta la flecha.
b. La soldadura se realiza en el lado que señala la flecha.
c. La soldadura es en ambas caras de la unión.
d. La soldadura es de penetración parcial.

10. En una soldadura, ¿qué puede ocurrir si el caudal de gas protector es insuficiente?

____
____
____
____

Unidad de aprendizaje 8

Defectos en la soldadura MAG de chapas y perfiles de acero al carbono

Contenido

1. Introducción
2. Tipos de defectos más comunes
3. Factores y causas que tener en cuenta para cada uno de los defectos
4. Correcciones que tener en cuenta para cada uno de los defectos
5. Inspección visual de las soldaduras
6. Ensayos utilizados para la detección de errores en soldadura MAG
7. Resumen

Objetivos

Los objetivos específicos de esta Unidad de Aprendizaje son:

→ Clasificar los defectos más comunes que pueden presentarse en las soldaduras realizadas mediante el proceso MAG *(Metal Active Gas)*, tales como porosidad, inclusiones, falta de fusión, socavado o grietas, entre otros.
→ Analizar los factores que favorecen la aparición de defectos, teniendo en cuenta los parámetros de soldeo, la composición del acero al carbono, la mezcla gaseosa empleada y las condiciones del entorno de trabajo.
→ Reconocer los criterios de inspección visual aplicables a las soldaduras realizadas en chapas y perfiles, con el fin de identificar irregularidades superficiales y valorar la calidad del cordón depositado.
→ Conocer los principales métodos de ensayo utilizados para la detección y la evaluación de defectos internos, comprendiendo su campo de aplicación y su utilidad en el control de calidad del proceso MAG.
→ Aplicar medidas preventivas y correctoras que permitan reducir o eliminar defectos, ajustando los parámetros operativos y promoviendo buenas prácticas de ejecución durante la soldadura.

1. Introducción

El proceso de soldadura MAG *(Metal Active Gas)* es ampliamente utilizado en la unión de chapas y perfiles de acero al carbono debido a su productividad, su versatilidad y la facilidad de automatización. Sin embargo, como en cualquier procedimiento de soldeo, pueden aparecer defectos que comprometan la resistencia y la seguridad estructural de las uniones. Una porosidad, una falta de fusión o una grieta pueden reducir drásticamente la calidad de la soldadura, derivando en fallos prematuros, reparaciones costosas o incluso riesgos para la seguridad laboral.

Imaginemos una estructura metálica sometida a cargas dinámicas, como una pasarela o un bastidor industrial. Cualquier defecto no detectado en las uniones soldadas podría afectar a la estabilidad del conjunto y generar averías difíciles de corregir. Por ello, el control y la prevención de defectos en el proceso MAG resultan fundamentales para asegurar la fiabilidad del producto final.

A lo largo de esta unidad, se estudiarán los defectos más frecuentes que pueden producirse al soldar chapas y perfiles con gas activo, las causas que los originan y las medidas preventivas y correctoras que permiten evitarlos. Se abordarán también los métodos de inspección visual y los ensayos no destructivos más utilizados en el control de calidad de este proceso.

Samuel se enfrenta ahora a un nuevo reto en el taller: aprender a identificar y corregir los defectos que pueden aparecer al soldar chapas y estructuras mediante el proceso MAG. Su responsable de calidad le ha asignado un programa formativo específico que le permitirá perfeccionar su técnica, aumentar su eficiencia y garantizar la máxima calidad en las uniones soldadas que realice.

2. Tipos de defectos más comunes

La experiencia previa de Samuel le ha permitido familiarizarse con los defectos típicos de la soldadura. Sin embargo, el trabajo actual en chapas y perfiles mediante el proceso MAG exige una comprensión más profunda sobre las causas,

Continúa en página siguiente >>

<< Viene de página anterior

la prevención y la corrección de estos defectos, adaptada a las características del acero al carbono y a las particularidades del gas protector activo.

El proceso MAG ha evolucionado notablemente con los años, consolidándose como uno de los más utilizados en la industria del metal. Su versatilidad y su rapidez lo hacen ideal para estructuras y componentes de espesor medio, aunque la calidad final del cordón puede verse afectada por defectos originados por una **mala regulación de parámetros, una limpieza deficiente o una técnica inadecuada.** Comprender estos defectos y saber detectarlos constituye una competencia esencial para cualquier soldador profesional.

En toda soldadura pueden presentarse **irregularidades o discontinuidades.** Si estas no afectan a la resistencia o al comportamiento del conjunto, se consideran tolerables. No obstante, cuando exceden los límites admisibles y ponen en riesgo la integridad de la unión, se clasifican como **defectos de soldadura.**

Discontinuidad
Irregularidad que interrumpe la uniformidad del cordón de soldadura o del metal base.

Defecto de soldadura
Discontinuidad que supera los criterios de aceptación establecidos por norma o especificación de proyecto, comprometiendo la resistencia o la durabilidad de la unión.

2.1. Discontinuidades dimensionales del cordón

Las discontinuidades dimensionales alteran el aspecto visual del cordón y, en algunos casos, pueden afectar también a la resistencia estructural. Entre las más comunes en el proceso **MAG de chapas y perfiles** destacan:

- **Sobreespesor:** exceso de material depositado que provoca un relieve exagerado en el cordón. Suele deberse a una velocidad de avance baja o a un aporte excesivo de hilo.

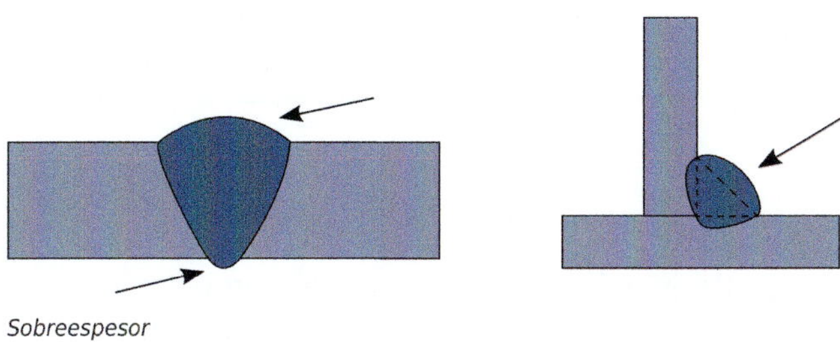

Sobreespesor

- **Concavidad en la raíz:** depresión visible en el cordón de penetración, habitual en cordones de una sola pasada o con una velocidad de avance excesiva.

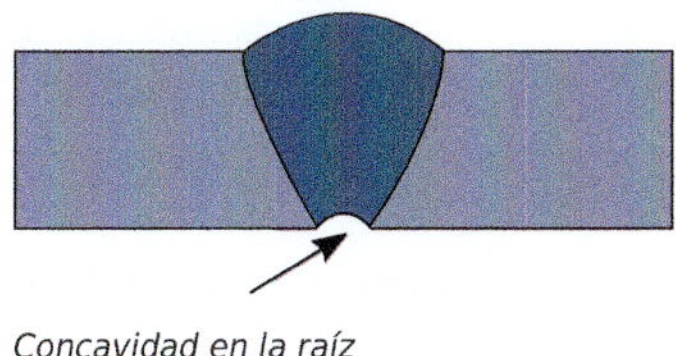

Concavidad en la raíz

- **Penetración incompleta:** falta de unión total entre los bordes de la junta. Aparece por una intensidad insuficiente o una deficiente preparación del bisel.

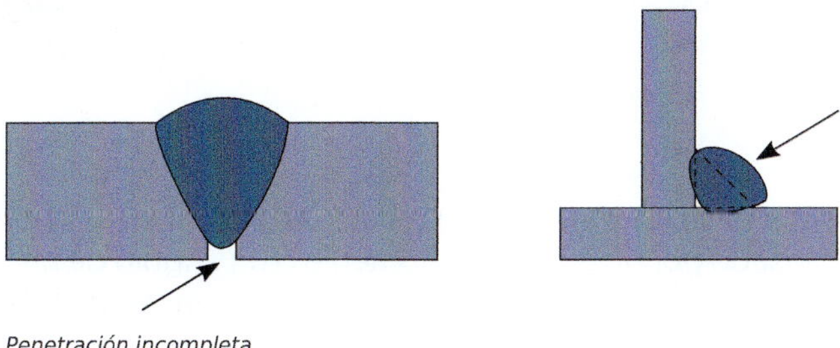

Penetración incompleta

- **Desalineación:** diferencia de nivel entre las piezas soldadas, que puede provocar concentraciones de tensión.

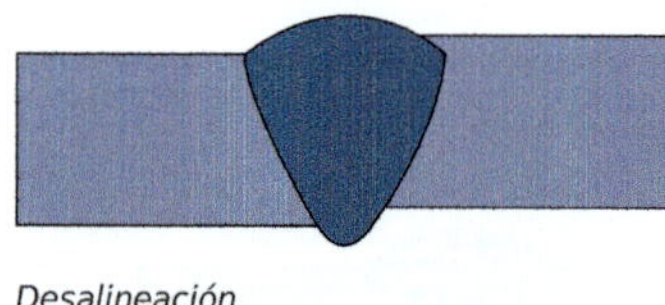

Desalineación

- **Garganta insuficiente:** tamaño del cordón menor al especificado, lo que reduce la resistencia mecánica del ensamble.

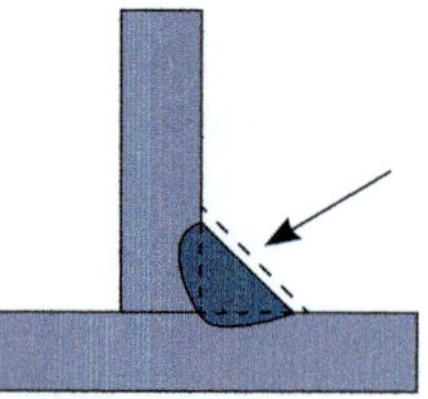

Cuello insuficiente

- **Traslape:** el metal fundido rebasa los límites del chaflán sin fusionarse correctamente con el metal base.

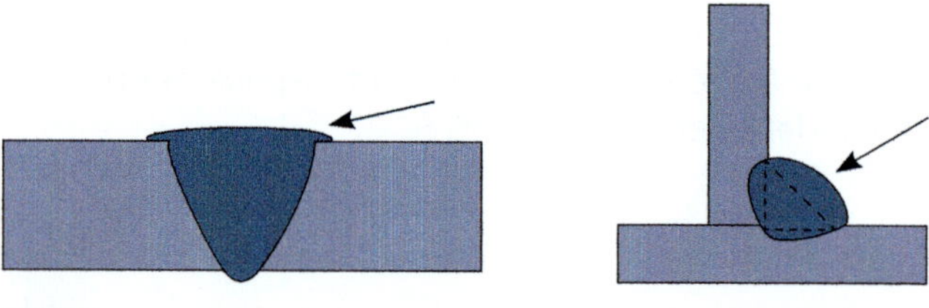

Traslape

- **Socavado o mordedura:** surco o depresión en los bordes de la unión causado por un exceso de corriente o un ángulo de pistola inadecuado. Disminuye el espesor y favorece la aparición de grietas.

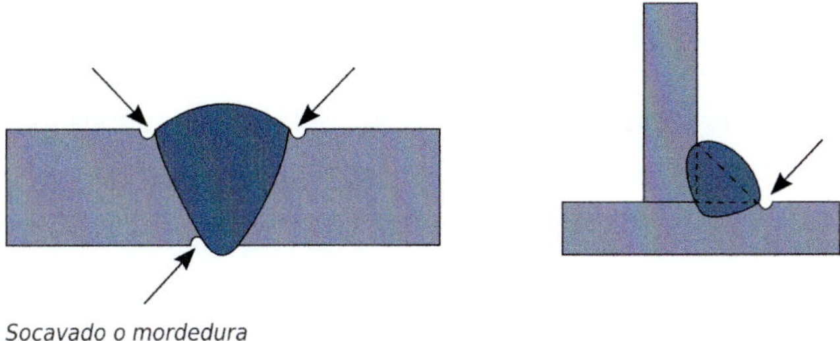

Socavado o mordedura

- **Falta de material:** depósito insuficiente de metal de aporte que deja zonas sin cubrir.

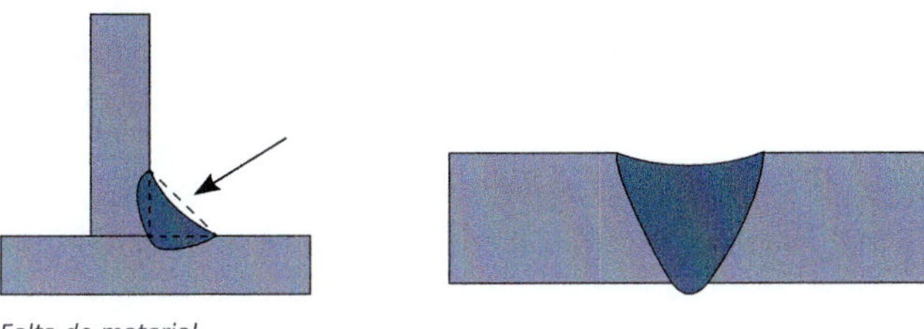

Falta de material

- **Falta de simetría:** distribución irregular del material en el cordón, frecuente en uniones en ángulo con una técnica deficiente.

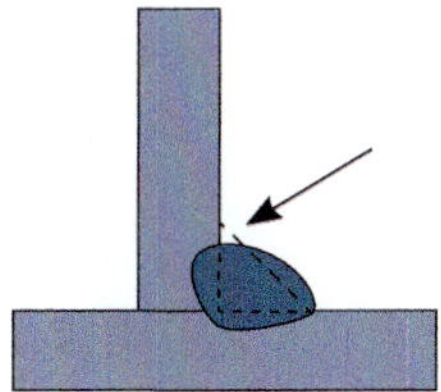

Falta de simetría

TAREA 10

En las últimas semanas, el taller de Samuel ha incrementado su producción y se han incorporado nuevos soldadores. Esto ha provocado un aumento de defectos geométricos en los cordones. Analiza los casos descritos y determina de qué defecto se trata:

Continúa en página siguiente >>

<< Viene de página anterior

1. Se observa una depresión en la raíz del cordón, aunque los bordes presentan buena fusión.
2. En soldaduras de ángulo, la base del triángulo del cordón es mucho mayor que su altura.
3. Se detecta una falta de material en los bordes de soldaduras a penetración.

2.2. Fisuras o grietas

Las **fisuras** son uno de los defectos más peligrosos en la soldadura MAG. Suelen originarse por **tensiones térmicas excesivas** durante el enfriamiento del cordón o por una composición inadecuada del acero al carbono.

Pueden presentarse **en caliente** (durante la solidificación) o **en frío** (tras el enfriamiento completo), y tienden a propagarse bajo cargas dinámicas, comprometiendo gravemente la integridad estructural.

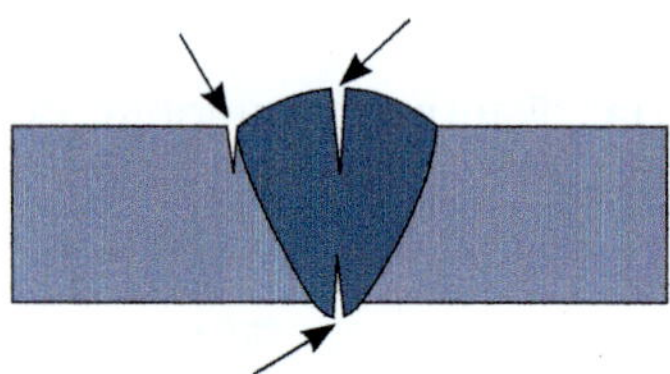

Fisuras o grietas

2.3. Falta de fusión

Defecto crítico que aparece cuando el metal de aporte no se une adecuadamente al metal base o entre pasadas. En el proceso MAG, suele deberse a una corriente insuficiente, una velocidad de avance excesiva o la inclinación incorrecta de la pistola.

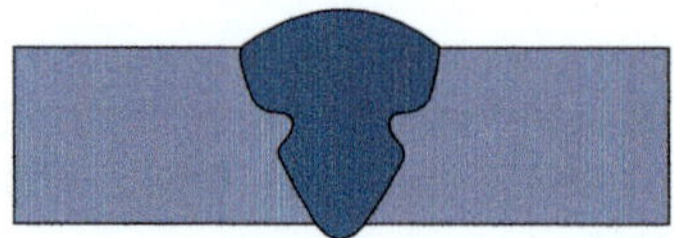

Falta de fusión

2.4. Porosidad

La porosidad consiste en cavidades internas formadas por gases atrapados durante la solidificación del cordón. En el proceso MAG, este defecto se asocia a una protección gaseosa inestable, corrientes de aire, humedad en el hilo o una mala limpieza superficial.

Además de reducir la resistencia, puede afectar a la estanqueidad y el aspecto del cordón.

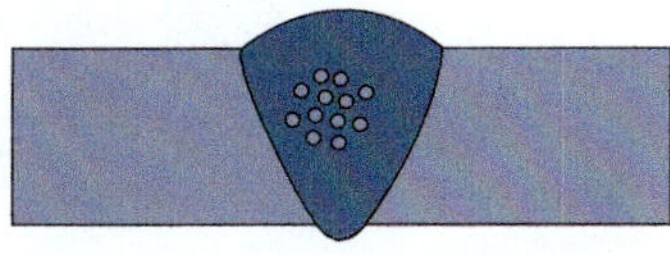

Porosidad

2.5. Inclusiones

Las inclusiones son partículas no metálicas (escoria, óxidos o impurezas) atrapadas dentro del metal solidificado. Aunque menos frecuentes en el proceso MAG que en el tubular, pueden aparecer por una limpieza deficiente entre pasadas, una protección gaseosa ineficaz o la presencia de óxidos en el metal base.

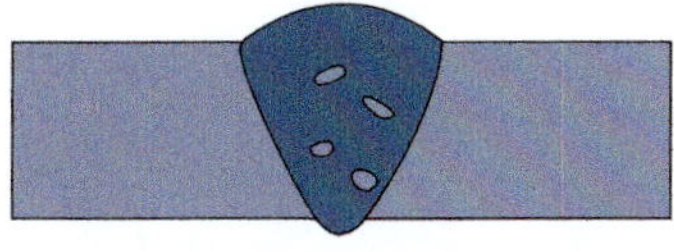

Inclusiones

2.6. Corrosión

La corrosión en soldaduras MAG de acero al carbono se manifiesta por la exposición del cordón y las zonas adyacentes a ambientes húmedos, contaminantes o con gases agresivos.

La pérdida de recubrimiento protector, la ausencia de pintura o la contaminación superficial aceleran el deterioro, reduciendo la vida útil de las uniones.

Corrosión de soldaduras en perfiles de acero

2.7. Salpicaduras o proyecciones

Son pequeñas gotas de metal fundido que se desprenden durante el arco y se solidifican en torno al cordón o en el material base. En el proceso MAG, se originan por una regulación inadecuada de la tensión o la intensidad, o por una distancia excesiva entre la boquilla y la pieza.

Aunque no afectan directamente a la resistencia, dificultan la limpieza, el pintado o el acabado estético.

Proyecciones en soldadura de perfiles de acero

2.8. Alabeo y distorsión

El alabeo o distorsión es una deformación que se produce cuando las chapas o los perfiles se calientan y se enfrían de forma desigual. En la soldadura MAG, este fenómeno se ve influido por el calor aportado, el tipo de unión, el espesor del material y el número de pasadas. Un control adecuado de los parámetros, una secuencia de soldeo equilibrada y la sujeción firme de las piezas son esenciales para minimizar este efecto.

3. Factores y causas que tener en cuenta para cada uno de los defectos

En los últimos días, Samuel ha comenzado a colaborar con el supervisor del taller en la revisión de los cordones realizados con el proceso MAG sobre chapas y perfiles. Algunos defectos detectados en los trabajos recientes han despertado su curiosidad, y su tarea consiste ahora en analizar las causas que los provocan para poder prevenirlos en futuras producciones.

En la soldadura MAG, la calidad del cordón depende de un equilibrio preciso entre los parámetros eléctricos, la posición, la limpieza, el tipo de gas protector y la técnica del soldador. Un pequeño desajuste en cualquiera de estos factores puede originar discontinuidades que, si no se corrigen, derivan en defectos estructurales.

3.1. Factores y causas que dan lugar a discontinuidades dimensionales

Las **discontinuidades dimensionales** afectan tanto a la apariencia del cordón como a su resistencia mecánica. En la soldadura MAG, se originan principalmente por errores de regulación, mala preparación de la junta o técnica incorrecta de manipulación de la pistola.

Discontinuidad dimensional	Factores que la originan	Causas específicas
Sobreespesor	Exceso de material, baja velocidad, mala regulación.	Avance lento, voltaje alto o alambre de gran diámetro.
Concavidad en la raíz	Calor mal distribuido, escaso aporte de material.	Corriente baja, avance rápido o entrehierro excesivo.
Penetración incompleta	Fusión insuficiente en la raíz.	Corriente baja o inclinación incorrecta de la pistola.
Desalineación	Montaje inexacto o sujeción deficiente.	Piezas mal fijadas o diferentes espesores.
Garganta insuficiente	Falta de material o mala orientación de la pistola.	Corriente baja, avance excesivo o diámetro inadecuado.
Traslape	Metal fundido que rebasa el borde sin fusionarse.	Corriente baja o movimiento brusco del soldador.
Socavado o mordedura	Calor excesivo en los bordes.	Voltaje alto o ángulo inadecuado de la pistola.
Falta de material	Depósito insuficiente de metal de aporte.	Velocidad alta o diámetro de hilo pequeño.
Falta de simetría	Reparto irregular del baño fundido.	Ángulo incorrecto o velocidad desigual.

Entrehierro

Espacio entre las piezas que unir antes del soldeo, especialmente en uniones a tope.

3.2. Factores y causas que dan lugar a fisuras o grietas

Las fisuras son uno de los defectos más críticos del proceso MAG, pues se propagan con facilidad y reducen la resistencia de la unión.

Las **causas más habituales** son:

Composición del acero
- Materiales con alto contenido en carbono o impurezas (azufre, fósforo) favorecen la fisuración.

Diseño de la junta
- Geometrías mal preparadas o con concentraciones de tensión.

Tasa de enfriamiento
- Enfriamiento brusco que genera tensiones residuales.

Parámetros inadecuados
- Corrientes altas, mala dirección del arco o cordones excesivamente largos sin interrupciones.

Grieta longitudinal

3.3. Factores y causas que dan lugar a falta de fusión

La falta de fusión aparece cuando el metal de aporte no se une completamente con el metal base o entre pasadas. Las principales causas son las siguientes:

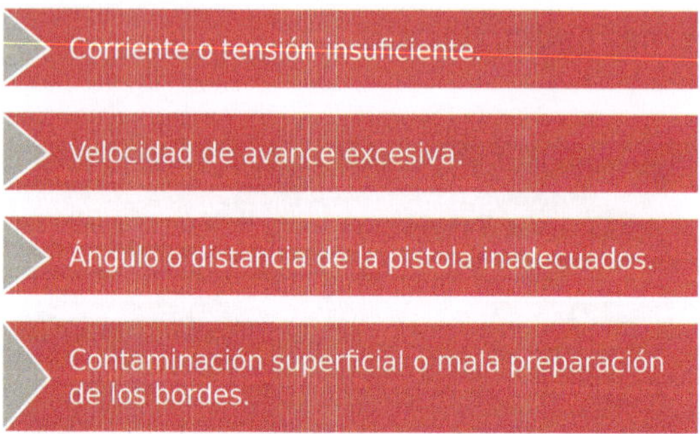

ACTIVIDAD COMPLEMENTARIA

26. Busca una tabla o esquema con imágenes reales de defectos de soldadura (porosidad, falta de fusión, socavado, grietas, etc.).

3.4. Factores y causas que dan lugar a porosidad

La porosidad en la soldadura MAG tiene múltiples orígenes, entre ellos:

- Superficies sucias u oxidadas.
- Gas protector contaminado o flujo irregular.
- Presencia de corrientes de aire o humedad.
- Parámetros incorrectos (voltaje alto o avance irregular).
- Consumibles húmedos o mal almacenados.

APLICACIÓN PRÁCTICA

El taller de Samuel detecta un aumento de porosidad en chapas de acero. Al parecer, hay una serie de recomendaciones que debe revisar para así conseguir evitar la porosidad excesiva. ¿Lo ayudas?

Continúa en página siguiente >>

<< Viene de página anterior

Causa de porosidad	Cómo evitarla (incorrecto)
Superficies contaminadas	Limpieza somera con un trapo antes de soldar.
Gas inadecuado o contaminado	Usar cualquier mezcla disponible; el gas húmedo no afecta.
Voltaje inestable	Subir el voltaje hasta que no salpique.
Velocidad irregular	Variar la velocidad según la sensación del soldador.
Corrientes de aire	Soldar con ventiladores para disipar humos.
Técnica incorrecta	Cambiar el ángulo con frecuencia para mojar mejor los bordes.
Hilo húmedo o mal almacenado	Guardarlo en una habitación oscura; no hace falta control de humedad.

Solución

Causa de porosidad	Cómo evitarla (incorrecto)
Superficies contaminadas	Limpiar exhaustivamente las superficies antes de soldar.
Gas inadecuado o contaminado	Usar gas seco y limpio; revisar mangueras y manorreductores.
Voltaje inestable	Ajustar según las especificaciones del WPS.
Velocidad irregular	Mantener el avance constante.
Corrientes de aire	Proteger la zona de trabajo.
Técnica incorrecta	Mantener el ángulo y la distancia constantes.
Hilo húmedo o mal almacenado	Guardar en un ambiente seco y estable.

3.5. Factores y causas que dan lugar a inclusiones

Las inclusiones son partículas no metálicas atrapadas en la soldadura que reducen la tenacidad y la resistencia. Sus causas más frecuentes en MAG:

- Preparación inadecuada o piezas oxidadas.
- Limpieza deficiente entre pasadas.
- Parámetros incorrectos o arco inestable.
- Uso de alambres o gases de baja calidad.
- Exposición del baño fundido a la atmósfera.

ACTIVIDAD COMPLEMENTARIA

27. Investiga un caso real en el que un defecto de soldadura provocó un fallo estructural.

3.6. Factores y causas que dan lugar a corrosión

La corrosión afecta a las uniones MAG cuando están expuestas a ambientes húmedos o contaminantes.

Los factores principales son:

- Humedad en el ambiente o en el almacenamiento de consumibles.
- Falta de recubrimiento o pintura.
- Gas protector con impurezas.
- Limpieza deficiente tras la soldadura.

IMPORTANTE

Los consumibles deben almacenarse en zonas secas, ventiladas y templadas. En climas fríos o húmedos, es recomendable usar estufas de mantenimiento térmico para evitar la oxidación.

3.7. Factores y causas que dan lugar a salpicaduras o proyecciones

Las salpicaduras se deben a la expulsión de pequeñas gotas de metal fundido por arcos inestables o regulación deficiente. Las causas más comunes son:

- Tensión o corriente elevadas.
- Gas de protección inadecuado.
- Hilo con humedad o suciedad.
- Distancia excesiva entre boquilla y pieza.

Aunque no afectan a la resistencia, deben eliminarse antes de pintar o recubrir, ya que pueden favorecer la corrosión.

3.8. Factores y causas que dan lugar a alabeo y distorsión

El alabeo es una deformación provocada por una entrada de calor desigual durante la soldadura. En chapas delgadas, la energía térmica del proceso MAG puede generar tensiones internas si no se controlan los parámetros.

Las causas principales son las siguientes:

- Corriente o voltaje excesivos.
- Soldadura unilateral o sin secuencia alternada.
- Velocidad de avance baja.
- Fijación insuficiente o mala técnica.

TAREA 11

El taller de Samuel detecta un alabeo excesivo en una viga soldada por un solo lado. Quieren que Samuel averigüe las causas de la problemática y proponga una serie de medidas que consiga corregir el problema. ¿Puedes apoyar técnicamente a Samuel?

4. Correcciones que tener en cuenta para cada uno de los defectos

HILO CONDUCTOR

Tras identificar varios defectos en producción, Samuel participa en una reunión con Calidad y Producción para proponer medidas de prevención y reparación. En MAG, pequeños desajustes de parámetros, preparación de juntas, técnica o entorno pueden derivar en discontinuidades que, si crecen, se convierten en defectos. La estrategia es doble: prevenir (ajuste fino del proceso) y corregir (reparación controlada + verificación).

4.1. Corrección de las discontinuidades dimensionales del cordón

El conocimiento del defecto ayuda a prevenirlo con regulación y técnica, pero si el defecto se produce, hay que reparar e inspeccionar el resultado. A continuación, se exponen las principales medidas preventivas y correctivas de las discontinuidades dimensionales.

Defecto	Medidas preventivas (MAG)	Medidas correctivas
Sobreespesor	Subir la velocidad, bajar el aporte; ajustar V-I y el diámetro de hilo.	Desbaste/mecanizado del exceso y nueva pasada si procede.
Concavidad en la raíz	Incrementar la energía efectiva o entrehierro correcto; controlar el avance.	Nueva pasada de raíz o de sellado para restituir la garganta.
Penetración incompleta	Preparación/bisel y entrehierro adecuados; V-I suficientes; ángulo correcto.	Reabrir si es preciso, represparar y resoldar con penetración.
Desalineación	Fijaciones y puntos previos; control dimensional.	Reposicionar/recoser y, si procede, cordón de refuerzo.
Garganta insuficiente	Tamaño de filete conforme a plano; técnica/oscilación adecuadas.	Añadir pasadas hasta alcanzar la garganta nominal.

Continúa en página siguiente >>

<< Viene de página anterior

Defecto	Medidas preventivas (MAG)	Medidas correctivas
Traslape	Evitar V baja/avance lento; controlar la mojabilidad y el borde.	Eliminar el metal desbordado y resoldar con parámetros correctos.
Socavado (mordedura)	Reducir V o avance excesivo; corregir el ángulo y *stick-out*.	Aportar material para rellenar el surco o rectificar y resoldar.
Falta de material	Sincronizar hilo-velocidad; diámetro y caudal de gas adecuados.	Relleno controlado y verificación de perfil.
Falta de simetría	Mantener el ángulo, la trayectoria y el avance uniformes.	Pasada de corrección equilibrando el cordón.

TAREA 12

En el taller, Samuel ha reparado un cordón MAG que presentaba traslape y un socavado leve. Tras la intervención, debe verificar si el cordón cumple las dimensiones exigidas en plano utilizando galgas de filete y calibre.

1. ¿Qué parámetro dimensional es el más sensible tras la corrección de un socavado?
2. ¿Por qué es imprescindible reinspeccionar la soldadura después de una reparación?

4.2. Correcciones de fisuras o grietas

Para prevenirlas, es recomendable:

- Precalentamiento cuando aplique y enfriamiento controlado.
- Aporte compatible con el acero al carbono y diseño de junta que reparta tensiones.

Para su corrección, es preciso:

1. Eliminar completamente la grieta (esmerilado, *gouging* por arco-aire, taladro de extremos para detener la propagación).

2. Resoldar con aporte compatible, parámetros controlados y, en espesores, pases múltiples.
3. Tratamientos térmicos: pre/poscalentamiento y control del enfriamiento para reducir tensiones residuales.

DEFINICIÓN

Arco-aire *(gouging)*
Ranurado térmico que remueve el metal con arco y aire comprimido para abrir/limpiar defectos antes de reparar.

4.3. Corrección de la falta de fusión

Entre las medidas preventivas encontramos las relacionadas con:

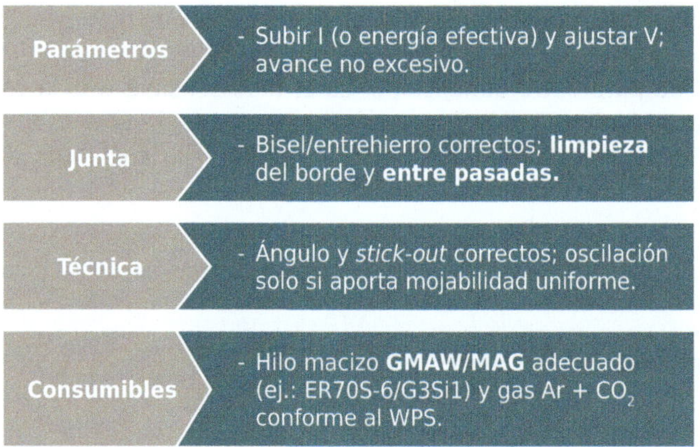

Para la corrección de la falta de fusión, es necesario:

- **Localizar** el área con la inspección de la soldadura.
- **Retirar** el material mal fusionado *(gouging*/esmerilado) y **repreparar** la junta.
- **Resoldar** con los parámetros y la técnica corregidos.
- **Verificar** con los ensayos/criterios del WPS.

RECUERDA

La falta de fusión compromete la unión; no se acepta sin reparación y verificación.

4.4. Corrección de la porosidad

La prevención de la porosidad debe tener en cuenta:

1. **Gas:** mezcla y **caudal** correctos; sin fugas ni turbulencias.
2. **Superficie**: desengrasar/decapar; piezas e hilo **secos**.
3. **Almacenaje:** consumibles en ambientes **secos y controlados.**
4. **Parámetros:** estabilidad del arco (V-I) y **avance** que permita liberar gases; *stick-out* adecuado.

Su corrección conlleva:

1. **Evaluar** la extensión de forma visual o con ensayos no destructivos.
2. **Eliminar** el poro superficial (desbaste) o el cordón afectado si es profundo; volver a soldar.
3. **Ajustar** el caudal, V-I y avance; asegurar la limpieza y la sequedad.
4. **Reinspeccionar** hasta confirmar la ausencia de poros.

RECUERDA

Sin limpieza previa y protección gaseosa estable, la porosidad reaparece.

4.5. Corrección de las inclusiones

Las inclusiones se pueden prevenir mediante:

- **Limpieza** rigurosa del metal base y entre pasadas; evitar óxidos/pinturas.
- **Parámetros** que aseguren un baño estable y la mojabilidad; evitar el arrastre de óxidos.
- **Consumibles y gas** adecuados y limpios; entorno sin corrientes de aire.

En caso de que el defecto se produzca, se debe:

- **Identificar** la ubicación mediante los ensayos correspondientes.
- **Retirar** el volumen afectado (*gouging*/mecanizado) y resoldar con limpieza intermedia.
- **Verificar** con el método de ensayo más adecuado.

SABÍAS QUE...

Muchas inclusiones no son visibles en superficie; los ensayos no destructivos como los ultrasonidos son clave para detectarlas.

4.6. Corrección de la corrosión (interna y externa)

Se previene mediante:

- **Almacenaje** seco de consumibles y chapas.
- **Aporte** y **recubrimientos** acordes al servicio.
- **Limpieza** pre y postsoldeo; diseño de junta que evite hendiduras.
- **Parámetros** que minimicen las proyecciones y las zonas retentoras.

Para corregir la corrosión, se debe llevar a cabo:

- **Inspección** del grado (óxido/picadura/decoloración).
- **Eliminación:** cepillado, esmerilado, chorreado o retirada del volumen afectado y resoldado si procede.
- **Protección:** pintura/recubrimiento; en su caso, TT postsoldeo para mejorar la durabilidad.
- **Mejora del entorno:** controlar la humedad y los agentes agresivos.

SABÍAS QUE...

El chorreado usa abrasivo fino por aire comprimido (limpieza suave); el granallado proyecta granalla metálica (acción más agresiva y uniforme).

4.7. Corrección de las salpicaduras o proyecciones

La prevención implica tener en cuenta:

1. **Parámetros:** ajustar V-I y avance para evitar el arco nervioso.
2. **Consumibles:** hilo adecuado y seco; boquilla limpia y *stickout* controlado.
3. **Gas:** mezcla/caudal correctos; evitar turbulencias y corrientes de aire.
4. **Técnica:** ángulo/recorrido estables.

En caso de producirse las proyecciones, es necesario corregirlas mediante:

- **Retirada** por esmerilado, cepillo o abrasivos.
- **Reajuste** de parámetros si las proyecciones son persistentes.
- **Protección final** (pintura/recubrimiento) para evitar corrosión en las marcas.

ACTIVIDAD COMPLEMENTARIA

28. Localiza la ficha técnica de un hilo macizo GMAW/MAG ER70S-6 (G3Si1) de un fabricante.

    a. ¿Qué indica sobre la limpieza y el almacenamiento?
    b. ¿Qué defectos pueden aparecer si no se cumplen (ej.: porosidad y proyecciones)?

4.8. Corrección del alabeo y la distorsión

Es necesario prevenir su aparición mediante:

1. **Control del aporte térmico** (V-I bajos efectivos, velocidad alta y lo mínimo para garantizar la penetración).
2. **Secuencias:** alternar zonas, *skip/back-step,* cordones intermitentes, simetrías.
3. **Fijación** eficaz sin sobrerrestricción; útiles en buen estado.
4. **Precalentar y enfriar** de forma controlada para reducir gradientes.

Antes de corregir el defecto, conviene definir una ruta de corrección proporcional a la magnitud del defecto y al uso previsto de la pieza: desde enderezado local hasta reconfiguración del proceso. Para ello, es necesario:

1. **Inspeccionar y evaluar:** medir las desviaciones, determinar el tipo y la severidad.
2. **Corrección mecánica:** enderezado con prensas/martillos; calor localizado o cordones de contracción en puntos estratégicos.
3. **Recorte y reconfiguración:** si es severo, cortar y resoldar con secuencia revisada y precalentamiento.
4. **Ajuste final:** mecanizado/rectificado para tolerancias finas.

5. Inspección visual de las soldaduras

HILO CONDUCTOR

Con la carga de trabajo en aumento, Samuel comprende que una buena soldadura no termina al apagar el arco. Para asegurar la calidad final de las uniones, ha decidido perfeccionar sus conocimientos en inspección visual, el primer y más importante control dentro de los ensayos no destructivos (END).

La inspección visual permite **detectar irregularidades superficiales** antes de realizar pruebas más costosas, garantizando que la unión cumple con los criterios de diseño y las normativas aplicables. Aunque no requiere equipamiento complejo, demanda formación técnica, precisión y experiencia, ya que una observación descuidada puede pasar por alto defectos críticos.

En este apartado se describen los **instrumentos, los criterios y las condiciones** que debe cumplir una inspección visual eficaz en el proceso MAG aplicado a chapas y perfiles.

5.1. Equipos y herramientas

La inspección visual es el primer filtro de control de calidad tras el soldeo. Las herramientas utilizadas permiten evaluar las dimensiones, la geometría, la limpieza y la continuidad del cordón. Los principales instrumentos utilizados son:

Lupa de inspección
- Permite examinar zonas de difícil acceso y detectar **fisuras, picaduras o poros** superficiales. Las versiones con iluminación LED mejoran la visibilidad en estructuras de acero.

Galga o calibre de soldadura
- Mide la **altura, la garganta, los ángulos y la convexidad** del cordón, asegurando la conformidad con el plano o el WPS.

Espejo de inspección telescópico
- Facilita la revisión del reverso o de áreas ocultas del cordón, donde pueden presentarse **socavados, falta de fusión o grietas.**

Lupa de inspección

Toda inspección debe acompañarse de un **informe técnico.** Para ello, se utilizan cámaras fotográficas y hojas de registro donde se consignan medidas, observaciones y criterios de aceptación según normas como UNE-EN ISO 5817, AWS D1.1 o UNE-EN 1090.

Durante la inspección, se deben usar gafas de protección, guantes resistentes y casco o visera para evitar lesiones por partículas, calor o salpicaduras.

RECUERDA

Cada observación debe quedar documentada con medidas y fotografías nítidas que respalden el informe de calidad.

ACTIVIDAD COMPLEMENTARIA

29. Busca en catálogos técnicos tres herramientas profesionales usadas para la inspección visual de soldaduras. Anota su nombre y su función principal.

5.2. Criterios de evaluación

La evaluación visual sigue una secuencia: observación general, revisión detallada y verificación de medidas. Los criterios principales derivan de normas internacionales (ISO, AWS) que establecen niveles de aceptación y tolerancias. Estos criterios están referidos a varias características de la soldadura:

- Dimensionalidad del cordón.
- Defectos superficiales.
- Uniformidad del cordón.
- Adherencia al metal base.

En la dimensionalidad del cordón hay que tener en cuenta:

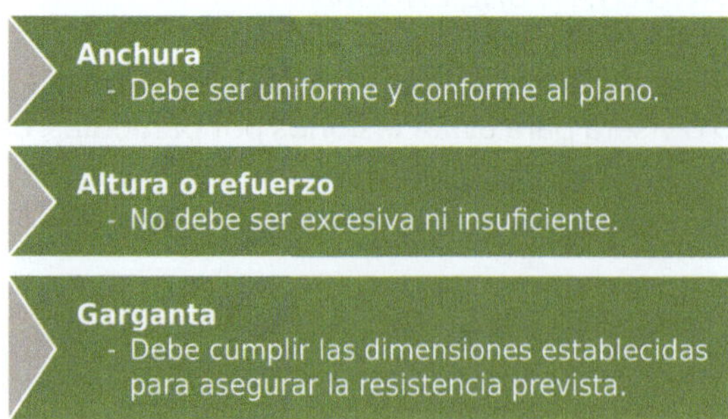

Respecto a los defectos superficiales, se deben identificar:

- **Fisuras o grietas:** no se admiten bajo ningún criterio.
- **Porosidad:** limitada en tamaño y cantidad según la norma.
- **Salpicaduras:** aunque no estructurales, afectan al acabado y deben eliminarse.
- **Inclusiones visibles:** deben retirarse si alteran la continuidad de la unión.

Respecto a la uniformidad del cordón, debe ser simétrico y regular. Los cambios abruptos en su forma o su anchura indican fallos en la técnica o en los parámetros de soldeo.

En la adherencia al metal base debe existir fusión completa en los bordes sin socavados ni zonas frías. Se comprobarán también las posibles distorsiones y las alineaciones fuera de tolerancia.

Antes y después de soldar, se deben verificar:

- Limpieza y ausencia de contaminantes (óxidos, grasa, humedad).
- Correcta alineación de las piezas.
- Presencia de deformaciones o distorsiones tras el soldeo.
- Cumplimiento de las tolerancias dimensionales del conjunto.

SABÍAS QUE...

El calor del proceso MAG provoca dilataciones y contracciones que pueden alterar la forma de las piezas. Las normas de calidad permiten pequeñas desviaciones, llamadas tolerancias admisibles, siempre que no afecten a la funcionalidad estructural.

5.3. Condiciones para una inspección visual efectiva

Para que la inspección visual sea fiable, el inspector debe reunir capacidades técnicas, experiencia práctica y buena agudeza visual. Además, debe conocer las normas aplicables, los procesos de soldeo, los criterios de aceptación y manejar correctamente los instrumentos de medida.

La observación visual requiere formación específica y una actitud analítica. La experiencia es fundamental para identificar cuándo una irregularidad superficial es aceptable o representa un defecto crítico.

Superar la evaluación de agudeza visual es obligatorio para obtener la certificación como inspector de soldadura.

6. Ensayos utilizados para la detección de errores en soldadura MAG

Tras afianzar la inspección visual y los criterios de aceptación, Samuel quiere profundizar en los ensayos que permiten detectar discontinuidades en las soldaduras MAG antes de que se conviertan en fallos.

La fiabilidad de una unión soldada depende de elegir bien el método de ensayo y de interpretar sus resultados. En este apartado repasamos los END más comunes y, después, los ensayos destructivos empleados para cualificar procedimientos y validar prestaciones.

6.1. Ensayos no destructivos (END)

Los END verifican la calidad sin dañar la pieza, por lo que son ideales para el control en producción y en servicio.

A continuación, se describen los métodos END más usados en la soldadura MAG, con el procedimiento y el campo de aplicación resumidos.

Líquidos penetrantes (PT)

A continuación, se exponen las características del ensayo:

- **Qué es:** se aplica un penetrante sobre la superficie limpia; tras el tiempo de penetración, se retira el exceso y se añade revelador que hace visibles las indicaciones.
- **Para qué:** defectos abiertos a superficie (grietas, poros superficiales) en materiales no porosos.
- **Limitación:** no detecta discontinuidades internas.

Ensayo de líquidos penetrantes (secuencia de actuación)

Limpiar superficie	Aplicar limpiador	Aplicar penetrante	Retirar exceso	Aplicar revelador	Defecto

IMPORTANTE

Este método es muy usado en el sector ferroviario y el aeronáutico. Solo para discontinuidades superficiales o poco profundas.

Partículas magnéticas (MT)

A continuación, se exponen las características del ensayo:

- **Qué es:** se magnetiza la zona y se aplican partículas (seca o húmeda). Las fugas de flujo en discontinuidades superficiales o subsuperficiales atraen las partículas y dejan una indicación visible.
- **Para qué:** materiales ferromagnéticos (aceros al carbono); rápido y sensible.
- **Limitaciones:** no detecta defectos alineados con el campo; requiere ferromagnetismo.

Inspección mediante partículas magnéticas

Radiografía industrial (RT)

A continuación, se exponen las características del ensayo:

- **Qué es:** rayos X/γ atraviesan la unión y generan una imagen con **contrastes** donde hay variaciones de densidad.
- **Para qué:** porosidad, inclusiones, falta de fusión/penetración y grietas planas según la orientación.
- **Limitaciones:** seguridad radiológica, accesos y espesor.

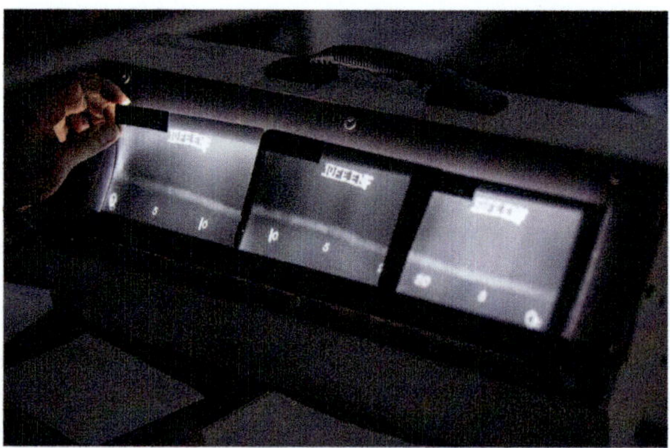

Inspección de soldadura mediante radiografía industrial

IMPORTANTE

El ensayo radiográfico es muy fiable, pero requiere medidas de protección y seguridad muy estrictas.

Ultrasonidos (UT)

A continuación, se exponen las características del ensayo:

- **Qué es:** se introducen ondas ultrasónicas y se interpretan los **ecos** reflejados por discontinuidades.
- **Para qué:** detectar defectos internos, medir espesores y posicionar indicaciones con precisión.
- **Ventajas:** portátil, aplicable en servicio, útil en múltiples espesores.

Inspección de soldadura mediante ensayo de ultrasonidos

Corrientes inducidas (ET)

A continuación, se exponen las características del ensayo:

- **Qué es:** una sonda induce corrientes de Foucault en materiales conductores; las discontinuidades alteran la impedancia medida.

- **Para qué:** defectos superficiales o cercanos a la superficie; muy útil en chapas finas y tuberías.

Inspección de soldadura mediante corrientes inducidas

6.2. Ensayos destructivos

A diferencia de los END, los ensayos destructivos requieren probetas y dañan el material para conocer sus prestaciones reales y validar los procedimientos de soldadura (WPS/PQR). Son esenciales en cualificación y auditorías de calidad. Sus tipos principales son:

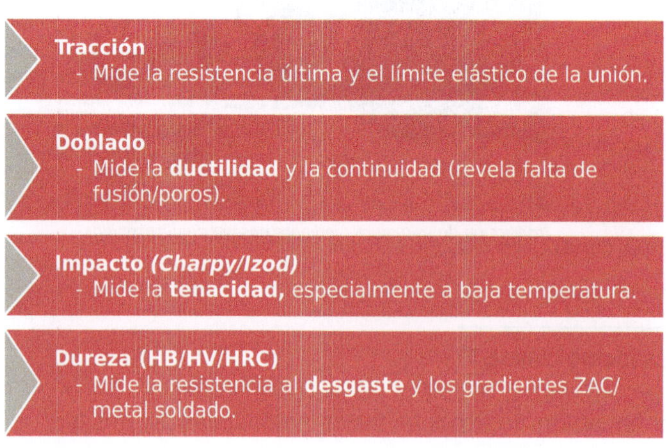

Continúa en página siguiente >>

<< Viene de página anterior

Examen metalográfico
- De la microestructura, **ZAC,** inclusiones y poros finos.

Fatiga
- Verifica el comportamiento a **cargas cíclicas.**

Oxidación/corrosión
- Mide la respuesta en **ambientes agresivos.**

SABÍAS QUE...

Para cualificar un WPS *(Welding Procedure Specification)*, se combinan END sobre la soldadura y ensayos destructivos (tracción, doblado, impacto...) conforme a la norma de aplicación, antes de autorizar su uso en producción.

7. Resumen

Un control riguroso de la soldadura MAG en chapas y perfiles de acero al carbono exige conocer los defectos más frecuentes —porosidad, inclusiones, falta de fusión/penetración, socavado, traslape, sobreespesor, falta de simetría y fisuras—, así como los factores que los originan: ajuste de parámetros (V-I-velocidad-*stick-out*), preparación de la junta (bisel y entrehierro), protección gaseosa (mezcla y caudal), limpieza de superficies y técnica (ángulo y trayectoria). La entrada térmica y la secuencia de soldeo condicionan de forma decisiva el alabeo en chapas delgadas.

La prevención se basa en parametrizar el proceso según WPS (modo de transferencia adecuado, caudal estable de gas, consumibles secos y compatibles), en la preparación y la limpieza del material base y en una técnica consistente que asegure mojabilidad y fusión en los bordes. Cuando el defecto aparece, las correcciones típicas incluyen: desbaste o ranurado *(gouging)* y resoldado con parámetros corregidos (falta de fusión/porosidad/inclusiones), aporte de material para socavados o gargantas insuficientes, realineación y refuerzo ante desalineaciones, y tratamientos térmicos/taladros de arresto para fisuras. Para controlar la distorsión: menor HI compatible con la penetración, cordones cortos/intermitentes, secuencias alternadas, fijaciones eficaces y enfriamiento controlado.

La inspección visual (VT) es el primer filtro de calidad: verifica las dimensiones (anchura, refuerzo, garganta), la uniformidad, la adherencia a los bordes y la ausencia de defectos abiertos; requiere galgas, lupa/iluminación, espejo y registro fotográfico conforme a normas como UNE-EN ISO 5817. Se complementa con END según la criticidad de la unión: PT para discontinuidades superficiales, MT en aceros ferromagnéticos (superficiales/subsuperficiales), UT para evaluación volumétrica *in situ* y RT cuando la geometría/accesos lo permiten. La cualificación de procedimientos y la validación de prestaciones se completa, cuando procede, con ensayos destructivos (tracción, doblado, impacto, dureza y metalografía).

En conjunto, aplicar de forma disciplinada los procedimientos MAG, sostener una inspección sistemática (VT + END) y ejecutar las acciones correctivas proporcionadas garantiza cordones limpios, resistentes y dimensionalmente estables, reduce retrabajos y eleva la seguridad estructural de las piezas soldadas.

Ejercicios de autoevaluación Unidad de Aprendizaje 8

1. **Determina si la siguiente oración es verdadera o falsa: "Los defectos geométricos en los cordones de soldadura pueden afectar tanto a la estética como a la resistencia mecánica de la union".**

   - Verdadero
   - Falso

2. **Una de las causas más comunes de porosidad en el proceso MAG es:**

   a. Exceso de caudal de gas.
   b. Hilo húmedo o contaminado.
   c. Alta velocidad de avance.
   d. Temperatura del gas.

3. **Completa la siguiente oración:**

   El socavado o mordedura se produce cuando el arco funde en exceso los bordes de la pieza, generando una ____________________ junto al cordón.

4. **Relaciona cada defecto con su causa principal:**

   a. Falta de penetración.
   b. Concavidad en la raíz.
   c. Falta de simetría.

   _ Ángulo de avance incorrecto.
   _ Intensidad insuficiente.
   _ Exceso de velocidad.

5. **Completa la frase:**

   Para evitar la porosidad, es fundamental mantener la superficie ____________________, usar gas protector ____________________ y conservar el hilo en un lugar sin humeda ____________________.

6. ¿Qué ensayo no destructivo se emplea para detectar grietas abiertas en la superficie de una soldadura?

a. Radiografía industrial.
b. Ultrasonidos.
c. Líquidos penetrantes.
d. Ensayo de tracción.

7. Determina si la siguiente oración es verdadera o falsa: "Los ensayos destructivos son preferibles cuando se necesita conservar la pieza en servicio".

- Verdadero
- Falso

8. Completa la frase:

El ensayo de tracción permite conocer la ______________________ de la soldadura al ser sometida a una ______________________.

9. El ensayo por ultrasonidos (UT) se utiliza principalmente para:

a. Medir el caudal de gas.
b. Detectar defectos internos sin dañar la pieza.
c. Evaluar la dureza de la superficie.
d. Medir el espesor del recubrimiento.

10. ¿Por qué es importante realizar una inspección visual antes, durante y después del soldeo?

____
____
____
____

Glosario

Acero al carbono
Aleación de hierro y carbono utilizada comúnmente en soldadura, cuya resistencia y ductilidad dependen del contenido de carbono.

Acero inoxidable
Aleación de hierro con cromo y otros elementos que confieren alta resistencia a la corrosión.

Alambre de aporte
Material consumible utilizado en el proceso MIG/MAG para formar el cordón de soldadura.

Amperímetro
Instrumento que mide la intensidad de corriente eléctrica empleada durante el soldeo.

Antorcha o pistola
Elemento del equipo de soldadura que dirige el gas protector y el hilo hacia el baño de fusión.

Arco eléctrico
Descarga eléctrica establecida entre el electrodo y la pieza, que genera el calor necesario para la fusión.

Atmósfera protectora
Entorno gaseoso que rodea el arco durante el soldeo, evitando la contaminación del metal fundido por el aire.

Boquilla
Pieza de la pistola que canaliza el gas protector hacia el punto de soldadura.

Caudal de gas
Volumen de gas protector que fluye por unidad de tiempo. Debe ajustarse según el tipo de gas y la posición de soldeo.

Cebado del arco
Momento inicial de encendido del arco eléctrico entre el electrodo y la pieza.

Ciclo de trabajo (factor de marcha)
Porcentaje de tiempo en el que la fuente de energía puede operar sin sobrecalentarse durante un período determinado.

Concavidad
Defecto dimensional del cordón caracterizado por una superficie hundida en la raíz.

Cordón de soldadura
Material solidificado resultante de la fusión entre el metal base y el material de aporte.

Corriente continua
Tipo de corriente eléctrica en la que el flujo de electrones se mantiene en una dirección constante; utilizada habitualmente en procesos MIG/MAG.

Defecto de soldadura
Imperfección que altera la geometría o la calidad del cordón, pudiendo afectar a la resistencia de la unión.

Desalineación
Defecto dimensional que se produce cuando las piezas no se encuentran correctamente posicionadas antes del soldeo.

Electrodo consumible
Material que actúa simultáneamente como conductor de corriente y como metal de aporte.

Gas protector
Gas o mezcla de gases que protege el baño de fusión frente a la contaminación atmosférica. Ejemplos: argón, dióxido de carbono, mezclas Ar + CO_2.

Garganta
Distancia mínima entre la raíz y la superficie del cordón en una soldadura de ángulo.

Intensidad de corriente
Magnitud eléctrica que regula la cantidad de calor generado por el arco, medida en amperios (A).

Inversor
Fuente de energía moderna que utiliza componentes electrónicos para transformar la corriente de red y regular los parámetros de soldeo.

Limpieza mecánica
Eliminación de impurezas mediante cepillo de alambre, esmerilado u otros métodos físicos antes y después del soldeo.

Longitud libre del electrodo
Distancia comprendida entre la boquilla de contacto y el punto donde el alambre entra en el baño de fusión.

MAG *(Metal Active Gas)*
Proceso de soldeo por arco con gas activo (como CO_2 o mezclas Ar + CO_2) utilizado principalmente para aceros al carbono.

MIG *(Metal Inert Gas)*
Proceso de soldeo por arco con gas inerte (como argón o helio) empleado en materiales no ferrosos y aceros inoxidables.

Mordedura o socavado
Defecto caracterizado por una depresión en el borde del cordón provocada por el exceso de calor o una mala manipulación de la pistola.

Oxidación
Reacción del metal con el oxígeno que puede deteriorar las propiedades del cordón de soldadura.

Penetración
Profundidad alcanzada por el material fundido dentro del metal base.

Polaridad directa
Configuración donde el electrodo se conecta al polo negativo y la pieza, al positivo.

Polaridad inversa
Configuración donde el electrodo se conecta al polo positivo y la pieza, al negativo, generando mayor fusión en el electrodo.

Porosidad
Defecto interno o superficial causado por la presencia de gases atrapados en el metal fundido.

Precalentamiento
Aplicación de calor previo al soldeo para reducir tensiones y evitar grietas en materiales de elevada dureza.

Protección eléctrica
Conjunto de dispositivos, como fusibles o disyuntores, que previenen sobrecargas y riesgos eléctricos.

Rodillos de arrastre
Elementos del alimentador que impulsan el hilo de aporte hacia la pistola de soldeo.

Socavado
Ver mordedura.

Soplado magnético
Desviación del arco eléctrico causada por la influencia de campos magnéticos en la pieza o en el circuito de corriente.

Tensión de arco
Diferencia de potencial eléctrico entre el extremo del electrodo y el baño de fusión; influye en la forma y la estabilidad del cordón.

Transferencia metálica
Modo en que el material de aporte pasa del electrodo al baño de fusión (globular, por cortocircuito, espray, etc.).

Velocidad de avance
Rapidez con la que la pistola se desplaza a lo largo de la junta durante el soldeo.

Ventilación forzada
Sistema que mantiene libre de polvo y gases las fuentes de energía y el entorno de trabajo.

Zona afectada por el calor (ZAC)
Región del metal base que no llega a fundirse, pero sufre alteraciones estructurales por la acción térmica del arco.

Bibliografía

Monografías y manuales técnicos

→ CABRERO Armijo, J. M. y MOLINO Casas, N.: *UF1676: Soldadura con alambre tubular.* Antequera: IC Editorial, 2019.

Expone los fundamentos del soldeo por arco con hilo tubular y con gas de protección, con especial atención a los parámetros de proceso, defectología, prevención de riesgos y aplicación práctica en taller.

→ ENTRENA González, F. J.: UF1674: *Soldadura MAG de estructuras de acero al carbono.* Antequera: IC Editorial, 2019.

Obra enfocada en el proceso de soldadura MAG sobre aceros al carbono que detalla el ajuste de parámetros, las técnicas operativas según la posición, la preparación de bordes, el análisis de defectos y las medidas correctoras. Incluye tablas técnicas, prácticas resueltas y referencias normativas.

→ REINA, M.: *Soldadura de los aceros.* Weld-Work., 2023.

Edición revisada con enfoque en metalurgia y técnicas de soldeo. Texto avanzado sobre metalurgia de los aceros en procesos de soldeo. Analiza el comportamiento térmico, las estructuras metalográficas y las implicaciones del enfriamiento en la calidad de las uniones soldadas. Recurso valioso para técnicos de nivel medio y superior.

Textos electrónicos

→ CESOL (Asociación Española de Soldadura y Tecnologías de Unión), de: <https://www.cesol.es>.

Plataforma nacional que reúne documentación técnica, normativa, guías profesionales, cursos y certificaciones oficiales en soldadura. Fuente autorizada para consultar estándares UNE, boletines técnicos y eventos formativos.